信阳油茶丰产栽培

邱　林　卜付军　申明海　**主编**

中国林业出版社

图书在版编目(CIP)数据

信阳油茶丰产栽培／邱林，卜付军，申明海主编. —北京：中国林业出版社，2021.5

ISBN 978-7-5219-1188-6

Ⅰ.①信… Ⅱ.①邱… ②卜… ③申… Ⅲ.①油茶–栽培技术 Ⅳ.①S794.4

中国版本图书馆 CIP 数据核字(2021)第 099536 号

出版发行 中国林业出版社(100009 北京市西城区德内大街刘海胡同 7 号)

电 话 (010)83143562

印 刷 河北京平诚乾印刷有限公司

版 次 2022 年 3 月第 1 版

印 次 2022 年 3 月第 1 次

开 本 850mm×1168mm 1/32

印 张 6.125

字 数 145 千字

定 价 78.00 元

《信阳油茶丰产栽培》
编写委员会

前　言

　　油茶 *Camellia oleifera*，山茶科山茶属常绿阔叶小乔木，是我国特有的木本油料树种。

　　油茶广泛分布于我国南方低山丘陵地区。从淮河以南到海南岛，从云贵高原到台湾岛，具有不与粮争地、不与人争田的潜在发展优势和巨大发展前景。截至2020年，全国油茶种植面积达6800万亩，油茶产业总产值达1160亿元，有效带动近200万贫困人口脱贫增收。信阳是油茶自然分布的北部边缘区，商城、新县、光山为全国油茶产业发展重点县。截至2020年年底，全市油茶种植面积98.29万亩*，油茶产业总产值12亿元，惠及贫困户24850户，人数69795人，年人均增收2748元。

　　茶油是天然高级食用油。茶油中不饱和脂肪酸含量达85%~97%，同时含有特定生理活性物质茶多酚和山茶甙，能有效改善心脑血管疾病，降低胆固醇和空腹血糖，抑制甘油三酯升高，是联合国粮农组织首推的健康植物食用油。

　　油茶产业链长，"吃干榨尽"都是宝。茶油在工业上可制取油酸和脂类，生产肥皂、凡士林、甘油等；茶油精炼后，可加工成高级保健食用油、保健胶囊、口服液等，亦可

---

　　*　1亩≈667m^2。

制作天然高级美容护肤系列产品，如护肤油、按摩油等；茶油本身也是医药上的原料，用于调制各种药膏、药丸等；茶枯内含大量多糖、蛋白质、皂素，可以提取皂素，或制作饲料、有机肥料、抛光粉等；茶壳可提炼栲胶、糖醛、活性炭、碳酸钾或作培养基等。

发展油茶产业已上升到国家层面。党的十八大以来，党和国家领导人高度重视油茶产业发展，多次作出重要指示和批示。2019年9月17日，习近平总书记在光山县司马光油茶园考察调研时强调指出，你们路子找到了，就要大胆去做，利用荒山推广油茶种植，既促进了群众就近就业，带动了群众脱贫致富，又改善了生态环境，一举多得。要把农民组织起来，面向市场，推广"公司+农户"模式，建立利益联动机制，让各方共同受益。要坚持走绿色发展的路子，推广新技术，发展深加工，把油茶业做优做大，努力实现经济发展、农民增收、生态良好。习近平总书记的重要指示为信阳发展油茶产业指明了方向，也极大地鼓舞了老区人民做好油茶产业的信心、决心。

信阳市委、市政府将深入贯彻落实习近平总书记视察河南深入信阳革命老区重要指示精神，奋力实现"要把革命老区建设得更好，让老区人民过上更好生活"的殷殷嘱托，积极发展油茶产业，相继出台了《关于推进油茶产业高质量发展的意见》和《关于加快油茶产业高质量发展的实施方案》，成立了以市委书记、市长为组长的油茶产业发展领导小组，进一步完善工作机制，强化部门职责，形成发展合力，规划到2025年，全市油茶种植面积力争翻一番，达到200万亩，油茶产业总产值力争翻两番。

良种、良法是油茶产业发展的基础。编者总结了近十年来信阳油茶种植经验和科研成就，希望能为信阳油茶产业发展提供一些帮助，由于编者水平的局限，不当之处，敬请批评指正。本书在编辑过程中得到了致力于油茶事业的领导、专家和企业的大力支持，并获得中央财政重点林草科技推广项目的资助，在此一并表示感谢！

编者

2022 年 1 月

目　　录

第一章　信阳油茶发展概况

　　油茶是我国特有的木本食用油树种，与油棕、油橄榄、椰子并称世界四大木本油料植物。油茶在我国栽培和利用历史悠久，先秦古书《山海经》里就有记载："员木，南方油食也"，"员木"即指油茶，可见我国采油茶果榨油食用已有2300多年的历史。北宋年间，苏颂所著的《图经本草》中对油茶籽的性状、分布、效用有详细的记载。南宋郑樵所著的《通志》有"南方山土多植其木"的记载，这表明宋代油茶已发展到大量栽培的阶段。茶油为优质食用油，明代皇帝朱元璋将茶油封为"御膳用油"并赐封为"御膳奇果汁，益寿茶延年"。随着科技的进步，油茶籽除榨取食用油外，还广泛用于日用化工、制染、造纸、化学纤维、纺织、农药等领域。

　　信阳地处大别山腹地，是我国北亚热带向暖温带过渡的生态类型区，山区和丘陵面积占总面积的3/4以上，气候温暖湿润，雨量充沛，光照充足，全年无霜期平均220~230d，年平均气温15.3~15.8℃，年均降水量993~1294mm，年均日照时数1900~2100h，适宜油茶树生长，是我国油茶自然分布的北部边缘区。《全国油茶产业发展规划（2009—2020年）》，我国将油茶产业发展布局确定为核心发展区、积极发展区和一般发展区3个产业发展区，信阳属于一般发展区；对全国油茶产区进行了种植区规划，分为最适宜栽培区、适宜栽培区和较适宜栽培区3个栽培区，信阳属于较适宜栽培区。

信阳市油茶主要分布在新县、商城县、光山县、罗山县、浉河区和固始县的低山丘陵区，其中商城县、新县、光山县是国家油茶产业发展重点县。截至2020年底，全市油茶面积98.29万亩，其中新县30.82万亩，商城县22.2万亩，光山县25.1万亩，罗山县12.02万亩，浉河区3.98万亩，平桥区0.87万亩，固始县3.3万亩，占全省油茶面积的99.36%。2008年以前种植的油茶林34.73万亩，2008年以后新造油茶林63.56万亩；低产低效林38.95万亩。2020年全市茶籽产量38770吨，茶油产量9350吨，产值12亿元。全市现有油茶加工企业比较规范的有9家，其中新县4家，商城县3家，光山县2家。年生产茶油能力25500吨，约是现有产能的3倍。主要茶油品牌和商标有新县的绿达、安太、山净、益和、福无边，商城县长园、商大、山魂，光山县的全家福、联兴。"新县山油茶"2019年获得国家农产品地理标志和河南省农产品区域公用品牌。2020年，信阳油茶被授予"河南省特色农产品优势区"。产业带贫效果突出。据统计，全市涉及带动贫困户的油茶企业、合作社和大户有205个，油茶种植面积达34.59万亩，惠及贫困户24850户，人数69795人，贫困户通过土地租金收入、务工收入、入股分红收入和个人种植收入，年人均增收2748元。

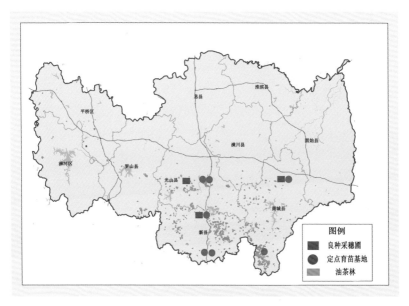

图 1-1　信阳市油茶资源分布图

早在 450 年前，信阳就有利用野生油茶果加工茶油食用的历史。解放后，在党和政府的领导下，油茶生产逐渐恢复发展。2006 年国家林业局出台关于发展油茶产业的意见以来，油茶种植快速发展。党的十八大以来，以习近平总书记为核心的党中央对发展油茶产业高度重视，2019 年 9 月 17 日，习近平总书记视察调研光山司马光茶园时指出："路子找对了，就要大胆去做"，信阳油茶产业迎来高质量发展阶段。因此，信阳油茶产业发展大致经历 3 个发展阶段：

一、油茶生产恢复发展阶段

这一阶段主要为新中国成立以来到 2008 年。解放前，信阳油茶生产处于半荒芜状态。解放后，在党和政府的领导下，信阳油茶生产和其他建设事业一样，得到快速恢复发展。在原政务院《关于发动农民 增加油料作物生产》的指示下，信阳各级林业主管部门积极组织山区群众发展油茶，对荒芜的茶园进行抚育管理，到 1980 年，信阳油茶种植面积达 21.7 万亩。1981 年中共中央、国务院出台《关于保护森林发展林业若干问题的决定》，明确稳定山权林权、划定自留山、确定林业生产责任制（林业三定）的林业发展方针后，土地重新回到农民手中，进一步激发了群众发展油茶的积极性。到 2008 年，油茶种植面积达到 34.73 万亩。这一阶段，尽管油茶种植面积和茶油产量大幅增加，但并没有形成成熟的油茶产业。主要表现在：一是科技支撑不足，本地油茶良种选育和繁育技术没有突破，新品种新技术引进、推广相对滞后，油茶种植为实生苗繁育，形成的油茶林品种混杂、良莠不齐，是油茶产量低的主要原因；二是油茶生产以农户分散经营为主，生产力低下，油茶林基本处于自然生长状态，既形成不了规模化生产，也难以产生规模效益；三是油茶加工以民间小作坊为主，技术落后，难以形成品牌；四是鼓励和扶持政策有限，没有形成常态化的油茶产业发展措施，发展动力不足。

二、油茶规模化快速发展阶段

这一阶段为 2009—2018 年。随着人们对油茶在生态建设、保障粮油安全、促进国民健康和精准扶贫等方面认识的深化，油茶产业上升到国家层面，各项优惠政策落地，以土地流转为特征的规模化种植进入迅速发展阶段，油茶成长为信阳林业特色产业，这一阶段新造林面积约 53.5 万亩。主要表现在：一是政策驱动引领。2007 年国务院办公厅出台了《国务院办公厅关于促进油料生产发展的意见》（国办发

〔2007〕59号）；2008年国务院出台了《国务院关于促进食用植物油产业健康发展保障供给安全的意见》（国发〔2008〕36号）；2009年国家林业局出台了《全国油茶产业发展规划（2009—2020）》，明确了发展油茶产业的基本思路。2014年《国务院办公厅关于加快木本油料产业发展的意见》（国办发〔2014〕68号），要求进一步加快油茶、核桃、油用牡丹等木本油料产业发展，大力增加健康优质食用植物油供给，切实维护国家粮油安全；2015年6月，经国务院批复，国家发展和改革委员会（以下简称国家发改委）发布的《大别山革命老区振兴发展规划》中指出，特色农业基地建设中，要重点发展"双低"油菜、花生、芝麻、油茶。2016年河南省制定了《关于加快木本油料产业发展的实施意见》（豫政办〔2016〕54号），明确提出力争到2020年，全省建成40个核桃、油茶等木本油料重点县，建成一批规模化、集约化、标准化、产业化示范乡镇和高效示范基地等目标。各项扶持政策扶的落地，极大的推动了信阳油茶产业的发展。二是科技支撑增强。这一阶段，油茶新品种、新技术广泛推广、使用，奠定了油茶产业发展的良种基础。①信阳市林业科学研究所、信阳市林业工作站组织引进外地优良无性系，如"长林"系列、"湘林"系列等，开展区域试验，初步筛选出"长林"系列7个适生品种，如长林4号、长林18号、长林40号、长林53号等。②本地优良品种选育取得突破，河南省林科院组织选育了豫油1号、豫油2号两个本地优良品种。③油茶良种快繁技术，即油茶芽苗砧嫁接技术广泛推广、使用。2009年以来，经原河南省林业厅认定，信阳市现有商城县苗圃场和新县苗圃场等7家油茶定点育苗单位，每年出圃芽苗砧嫁接苗在600万株以上，满足了本地造林用苗。

④建设了光山、新县和商城 3 个油茶良种采穗圃，保证了良种育苗穗条的供应。⑤以冷榨为代表的现代油茶加工技术广泛采用，先后建立起规模化加工企业 9 家，年生产茶油能力 25500 吨，产品呈现多样化。三是多元主体参与。在国家、省、市、县各级油茶产业政策的驱动、科技支撑的油茶产量大幅提高以及市场利好等多重因素共振下，大量社会资本进入油茶产业，企业、专业合作组织、种植大户等林业新型经营主体积极加入土地流转，规模化种植成为主体，信阳市油茶以每年 5 万多亩的速度持续增长，规模化种植奠定了产业发展的基础。

图 1-2　光山县司马光油茶园种植基地

在油茶规模化快速发展阶段，也出现一些问题。一是早期引种品种缺乏区试。由于油茶区试所需时间较长，需要 8 年左右的时间，在早期快速发展过程中，各种植主体从外地引进油茶良种，缺乏区试支撑，品种多达 25 个之多，一些外地优良品种引种到信阳后，因立地条件、气候的差异，表现不良，形成了一定面积的低产林。二是配置方式不科学。油茶具有自花授粉败育的特性，早期种植油茶时，缺乏栽培经验，按照常规的经济林造林措施进行栽培，主栽品种和授粉品种配置不合理，也是形成低产林的原因。三是盲目追求规模。少数油茶种植企业大户追求大基地、大规模，造成造林后前期管理跟不上，投入跟不上，丰产期滞后，产量和效益不达预期。

三、油茶高质量发展阶段

这一阶段以习近平总书记关注信阳油茶产业发展为起点。2019 年 9 月 17 日，习近平总书记视察光山县司马光油茶园时特别指出，"利用荒山推广油茶种植，既促进了群众就近就业，带动了群众脱贫致富，又改善了生态环境，一举多得。"强调"要把农民组织起来，面向市场，推广'公司+农户'模式，建立利益联动机制，让各方共同受益。要坚持走绿色发展的路子，推广新技术，发展深加工，把油茶业做优做大，努力实现经济发展、农民增收、生态良好。"并要求我们"路子找到了，就要大胆去做"，为信阳油茶产业高质量发展指明了方向，也极大鼓舞了老区人民发展壮大油茶产业的信心决心。一是顶层设计，多部门协同，油茶产业发展打出组合拳。信阳市委市政府把油茶产业作为推动乡村产业振兴、实现共同富裕的重要抓手，继 2019 年信阳市人民政府印发了《信阳市人民政府关于推进油茶产业高质量发展的意见》（信政文〔2019〕126 号）后，2021 年，信阳市委市政府印发了《关于加快油茶产业高质量发展的实施方案》（信发〔2021〕16 号），成立了以市委书记、市长为组长的油茶产业发展领导小组，进一步完善工作机制，强化部门职责，形成发展合力，到 2025

年，全市油茶种植面积力争翻一番，达到200万亩，油茶产业综合产值力争翻两番。新县、光山县、商城县、罗山县政府都出台了支持油茶产业发展的意见，打出组合拳，推动油茶产业高质量可持续发展。二是科技支撑显著增强，奠定了油茶产业高质量发展的基础。适合信阳种植的油茶良种选育及关键技术日益成熟，并在生产上普遍推广、应用；与油茶产业发展相适应的种苗培育、油茶种植、生产加工、市场营销等专业人才队伍建设进一步增强；以低温冷榨为代表的先进加工工艺全面推广，为信阳市油茶产业高质量发展奠定了基础。三是油茶产业链条更加完善，多业态融合发展。油茶三产融合发展日益突显，产业链条更加完善。在种植端，因地制宜发展林下种养，如林粮、林油、林药、林禽等，以短养长，提升林地综合效益；在加工端，油茶籽、茶枯、茶花等综合利用提升，形成系列产品；在销售端，"信阳茶油"区域公用品牌塑造形成共识，线上线下销售一体推进；茶旅融合发展提速，成为生态旅游新增长点。

图1-3 河南省联兴油茶产业开发有限公司油茶种植基地

第二章 油茶生物学特性

油茶在长期的自然选择和人工栽培过程中，受到周围环境的影响，演化成众多的物种和品种类型。它们在特定的环境条件下，形成了各自的适应能力和生物学特性。我国有一定栽培面积和栽培历史的油茶物种主要有普通油茶、小果油茶、越南油茶、攸县油茶、浙江红花油茶、广宁红花油茶、腾冲红花油茶、博白大果油茶等。其中，普通油茶是我国目前第一位的主栽物种。信阳境内油茶均为普通油茶，因此，本章以普通油茶为例概述油茶的主要生态特性及生长发育特征。

第一节 油茶的生态特性

一、形态特征

油茶（*Camellia oleifera*）属山茶科山茶属，为常绿小乔木或乔木，树高一般为 2 ~ 4m，基径为 8 ~ 20cm，树龄 100 ~ 200 年。在条件适宜的地方，树高 6 ~ 8m，树径 30 ~ 40cm，树龄可达 400 年。

树皮幼壮龄时为棕褐色，光滑。老龄时期为灰色或灰褐色。小枝为棕褐色或淡褐色，有灰白色或褐色短毛。小枝有顶芽1~3个，一般紫红色为花芽，黄绿色为叶芽。

叶一般为椭圆形、卵形，单叶、互生、革质，长3.5~9.0cm，宽1.8~4.2cm，先端渐尖或急尖，边缘为较深的锯齿，表面中脉有淡黄色细毛，侧脉近对生，叶表面光滑。

花为两性花，白色，罕见有少数植株的花瓣有红色或红斑，花无柄。萼片4~5枚，彼此相等，呈覆瓦状排列，角质。花瓣倒卵形，脱落性，5~9枚，彼此分离。雄蕊多数呈2~4轮排列。子房3~5室。10月中、下旬开花，亦为果实成熟期，因此，花果同期，俗称"抱子怀胎"。

图2-1 油茶

1. 果枝 2. 种子 3. 花 4. 雄蕊 5. 雌蕊

蒴果圆形、桃形、橘形等形状不一，呈苞背裂开。幼果被青色毛，成熟时一般无毛。每个果有 1~16 粒种子。种子茶褐色、黑色，种仁白色或淡黄色。

二、生长习性

油茶喜温暖，怕寒冷，生长发育过程中对环境条件有一定的要求。

1. 光照

油茶是一种喜光树种，要求年日照时数在 1200h 以上。光在油茶的生命活动中起着重要作用。在油茶的生长发育过程中，植株需在大量的光照条件下进行光合作用。虽油茶的苗期需在蔽荫条件下苗木才生长得好，但随着树龄的增长，其林木对光的要求日渐增强。到油茶的成年期，对光照的要求更为强烈。故在阳坡上生长的油茶往往比阴坡上生长的油茶的果产量高，含油率高，病虫危害轻。总之，在油茶的苗期需要阴蔽，而 5 年生以后则需要全日光照，才能满足其生长发育对光照条件的要求。因此，油茶种植地应以南坡、东南坡或开阔的山中台地为宜。

2. 温度

油茶喜温暖、湿润的气候，忌严寒和长期霜冻。要求年均温 14~21℃，最冷月均温为 3℃，最热月均温为 31℃ 左右的温度条件。油茶为亚热带常绿阔叶树种，在 1 年之内，林木的枝、叶、花、果、根交替生长，年生长期较长，故需要的有效积温较高，其≥10℃ 的年有效积温需 5000℃ 左右，过低或太高则会导致油茶生长发育不良。

油茶在一年内的不同生长发育时期，对温度的要求也不一样。芽萌动期需日均温在 11.6℃，花芽膨大期需日均温在 23.5℃，开花期需日均温为 6.6℃。在油茶幼果期，对低温的抵抗力较弱，因此，春季低温(0℃以下)持续时间长，幼果易遭冻害。

3. 水分

水是油茶各组织最基本的组成物质。叶和枝含水量 50% ~ 75%，根含水量 60% ~ 85%。在油茶的光合作用过程中，水溶解土壤中的矿物质，供油茶吸收利用，水在油茶生长的生理进程中起着重要的作用。油茶林木一旦失水，则引起落花落果，果实变小，产量降低。

油茶种植地要求年降水量为 900 ~ 2000mm，但以 1000 ~ 1500mm 为适宜。相对湿度要求在 74% ~ 85%。

4. 土壤

油茶对土壤条件的要求不高，适应性较强，能耐较瘠薄的土壤环境。适宜其生长的土壤为 pH4.0 ~ 6.5 的黄壤、红黄壤和红壤。在疏松、土层深厚、肥沃、排水良好的沙质壤土上油茶树生长特别良好，结实丰产性能强，种子出油率高。油茶虽对土壤有较强的适应能力，若种植在土层浅薄、肥力较差的地方，虽也能生长发育，但果产量低，大小年显著，且容易早衰。

三、地理分布

油茶在世界上分布不广，我国为其自然分布中心地区。油茶在我国水平分布于北纬 18°28′ ~ 34°34′，东经 100°0′ ~ 122°0′ 的广阔范围内，东起浙江舟山、台湾、江苏连云港市的云台山；西至云南丽江、大理、元江，甘肃的文县、武都；南至福建的福州，广东，海南，广西的宁明、合浦；北至陕西秦岭南坡的洛南、镇安，湖北的郧西、均县，河南的信阳、南阳的广大地区。南北跨 16 个纬度，东西横跨 22 个经度，涉及长江流域及以南的 18 个省（自治区、直辖市）1100 多个县，其中，湖南、江西和广西为主要分布区，海南为新发展区。

油茶不但水平分布广，而且垂直分布的变化亦很大，上限和下限由东向西逐渐增高。东部地区一般在海拔 200 ~ 600m 低山丘陵，亦有达 1000m 左右的山区；中部地区大部分在海拔 800m 以下，个别地方达 1000m 以上；西部地区海拔基本在 1000 ~ 2000m 之间。

四、我国油茶产业发展布局与种植区规划

我国将油茶产业发展布局确定为核心发展区、积极发展区和一般发展区 3 个产业发展区。其中：核心发展区涉及湖南、江西、广西 3 省（自治区）的 271 个县（市、区），其中最适宜栽培县（市、区）211 个、适宜栽培县（市、区）60 个。积极发展区涉及浙江、福建、广东、湖北、贵州、安徽、广西（部分）7 省（自治区）的 248 个县（市、区），其中最适宜栽培县（市、区）81 个、适宜栽培县（市、区）81 个、较适宜栽培县（市、区）86 个；一般发展区涉及云南、重庆、河南、四川、陕西 5 省（直辖市）的 123 个县（市、区），其中适宜栽培县（市、区）26 个、较适宜栽培县（市、区）97 个。

《全国油茶产业发展规划（2009—2020 年）》对全国油茶产区进行了种植区规划，分为最适宜栽培区、适宜栽培区和较适宜栽培区 3 个栽培区。其中，最适宜栽培区包括湖南、江西、广西、浙江、福建、广东、湖北、安徽 8 省（自治

区)的 292 个县(市、区)的丘陵山区;适宜栽培区包括湖南、广西、浙江、福建、湖北、贵州、重庆、四川 8 省(自治区、直辖市)的 157 个县(市、区)的低山丘陵区;较适宜栽培区包括广西、福建、广东、湖北、安徽、云南、河南、四川、陕西 9 省(自治区)的 183 个县(市、区)的部分地区。

五、信阳市油茶适生生态特性

信阳市位于我国北亚热带向暖温带过渡区,气候温暖湿润,四季分明。年降水量 900~1200mm;年平均气温 15℃左右;1 月均温 0.4℃,极端最低气温-18℃。无霜期 230 天左右。冬季常有干冻,秋季偶有霜冻。土壤为黄棕壤、山地黄棕壤、棕壤和黄褐土,pH5.0~6.5。信阳为油茶栽培的北缘地带,在全国油茶产业发展布局中属一般发展区,在全国油茶种植区规划里属较适宜栽培区。相对于全国大部分油茶栽培区来说,信阳市气候条件比较寒冷,冬季的低温严寒危害幼果安全越冬,花期寒潮霜冻,影响授粉孕果,低温寒潮是影响当地油茶生产的主导因子,容易造成减产。因此,早花早熟的品种如秋分籽、寒露籽更适于在信阳种植。

第二节　油茶的个体生命发育周期

油茶是常绿小乔木,寿命长达几十年至数百年。从种子萌发开始至植株开花、结实、衰老死亡为止,是它的个体发育过程,也是它的生命周期。在整个发育过程中要经过几个性质不同的发育阶段,各个阶段都表现出它的固有形态特征和生理特点。油茶一生的生长发育过程,要经历幼年、成年和衰老 3 个阶段。

一、幼年阶段

从油茶种子萌发出土，到开花结实，为幼年阶段。目前油茶栽培普遍使用 2 年生芽苗砧良种嫁接容器苗，这一阶段一般为 5~6 年，是油茶树体生长发育的基础阶段。幼年阶段林木生长的好坏，直接影响以后的生长发育和果产量。这个阶段的特点是：林木的营养生长十分迅速，主干分枝明显，并初步形成幼龄树冠，亦是油茶树定干整形的关键时期。

二、成年阶段

7~8 年生油茶开始大量开花结实至衰老之前的生长发育旺盛期，为成年阶段。这一阶段延续的时间很长，一般为 70~80 年。如果经营管理得好，油茶树的成年阶段还会更长。油茶林木成年阶段的生长发育特点是：营养生长和生殖生长都达到旺盛期。

三、衰老阶段

油茶树生长至 70~80 年后，油茶组织开始衰老并逐渐走向死亡的过程，为衰老阶段。其突出的标志是骨干枝衰老或干枯，吸收根大量死亡并逐渐涉及骨干根，根幅变小，根颈处出现大量的不定根，开花结实能力逐渐衰退，树势衰弱，产量下降，大小年现象明显。对衰老的油茶林，可实行逐步更新。

第三节　油茶的年发育周期

油茶在长期的系统发育过程中形成的遗传适应性与年周

期环境条件互相作用的结果，表现出有节奏的形态和生理机能的变化，一年中随着季节的变化，油茶的根、新梢、芽、花、果实等器官的生长发育与休止相对不变，形成一定的规律性，这就是油茶的年发育周期。

一、油茶物候期

油茶种子播后，当土温 12℃ 以上，土壤含水率达 20% 左右，种子开始吸水。当种子的含水量达到种子重的 50% 时，便开始萌芽，先长幼根，再长茎芽，子叶露出地表而向上生长，进行光合作用和新陈代谢活动，成为新的油茶个体。油茶树 3 年生后开始开花，花前是其植株长枝生叶的营养生长期。开花之后，油茶植株进入生殖生长期。此后，营养生长和生殖生长重迭进行。

在信阳种植地油茶的物候期为：3 月上旬叶芽开始萌发，3 月中下旬抽发梢叶。惊蛰至立夏间抽春梢，立夏至立秋间抽夏梢，立秋至立冬间抽秋梢。5 月春梢停止生长后至 9 月为花芽分化期。9 月底、10 月初开始开花，11 月为盛花期，12 月初花期结束。果实在 12 月中旬形成，至翌年 10 月下旬（至霜降前后）成熟。信阳不同栽培品种的物候期存在差异，秋分籽的花期早于霜降籽 10 天左右。

二、根系的生长特性

油茶为主根发达的深根性树种。根系在 2 月中旬开始活动，一年内出现两个生长高峰：第 1 个高峰在春梢快速生长以前，为其根系生长的最高速期；第 2 个高峰出现在花芽分化，果实停止生长至开花前，此次高峰期的时间长，根系的生长量比前一高峰期小。12 月下旬至翌年 2 月上旬根系生长缓慢。根系无明显的休眠期。油茶的吸收根多密集于 0 ~ 40cm 的表土层。在其树龄 2 年生以前为扎根期，先长主根且地上部分生长缓慢，此期主根的长度大于地上部分（即树高）。土层越疏松深厚，树高和主根长的差异则更大。3 年以后，随着油茶树龄的增大，根幅和冠幅的生长速度大体一致，且根幅始终大于冠幅。到 10 年生时油茶的主根长度可达 1.8m，一般都在 1m 左右。

油茶根系的生长具有两个明显的特性：一是强烈的趋水趋肥性；二是较强的愈合力和再生力。

油茶根系生长发育的好坏与生长地的立地条件关系密切。根群在疏松的土壤环境下，分布范围大，一般要超过树冠投影面积的 1 ~ 3 倍。同时，油茶根系生长的好坏还与种植时的整地方式方法以及种植后的经营管理强度等有直接的关系。

三、新梢的生长习性

油茶的新梢是指当年在树冠外层侧枝上发出的嫩枝，根据萌发季节可分为春梢、夏梢、秋梢 3 种。

春梢是指立春至立夏间抽发的新梢，数量多，粗壮充实，节间较短，是当年开花、制造和积累养分的主要来源之一。春梢越多，油茶树生长越旺盛，开花结果越多，产量越高。因此，掌握春梢生长规律，促使春梢生长发育，是油茶林增产的产要途径。油茶树春梢的生长从 3 月初到 4 月底或 5 月初止，整个生长期历时约 2 个月。3 月初到 4 月初，为其春梢的迅速生长期；4 月初到 5 月初，为其春梢的缓慢生长期。

夏梢是指立夏至立秋间抽发的新梢，多由春梢的顶端抽出，部分由春梢侧芽抽生，也常见春梢顶端折断后由侧旁抽出者。夏梢一般于春梢停止生长后一个月，即5月底6月初开始萌发，7月初进入迅速生长期，7月中旬达到最盛期，8月中旬后夏梢转入缓慢生长期，直至8月底基本停止生长。夏梢在新梢中所占比率不大，一般仅占新梢总生长量的1%～5%。夏梢的多寡，反映了夏梢在其林木树冠形成中的作用。幼年树的树冠尚未形成，夏梢对其树冠的形成则起着较大的作用。

秋梢指立秋至立冬间抽发的新梢，一般在9月上旬开始萌发，10月中旬即基本停止生长，数量极少，秋梢不能分化花芽，对整个植株意义不大。

四、芽的生长习性

油茶新梢生长和新叶展现的同时出现了顶芽和腋芽。顶芽一般1～3个，特别多者可达20余个。腋芽一般为1～3个，多者可达5～6个。芽到4月下旬春梢生长基本停止，然后开始膨大，到6月下旬开始分化，7月进入芽的分化盛期。根据芽的形态变化，可以分为3期。①分化初期：芽顶端增大、凸起、变平，这是花芽分化的象征。②花瓣形成期：花芽开始膨大，鳞片现出红色，生长点周围形成5～7个凸起，即为花瓣原基，小凸起逐渐伸长、扩大、变扁、向内抱合。③雄蕊、雌蕊形成期：花芽更为膨大，在花瓣原基内出现80～150个波浪状小凸起，呈轮状排列，即为雄蕊原基。与此同时，生长点中心向上形成3个凸出，基部逐渐接触愈合形成雌蕊原基，至此，分化组织分化完毕，花各部分雏形已清晰可辨。

营林措施的施行，对油茶芽的分化状况产生影响。进行冬季翻耕林地的油茶林，其林木的花芽分化率比未翻耕的油茶林一般要高 1~2 倍。因此，在油茶的经营过程中加强抚育管理，增施肥料，以满足林木花芽分化所需的营养及光照条件是提高油茶林果产量的重要途径。

五、开花习性

油茶为两性花、异花授粉植物，自花授粉基本不育，虽然油茶树开花多，但结果很少，素有"千花一果"之称。油茶花瓣由包被状转为开展，露出雄蕊和雌蕊，即为开花。油茶花的开放明显地显示出蕾裂、初开、瓣立、瓣倒、柱萎 5 个时期。一般 10 月上旬为始花期，11 月中旬为盛花期，12 月初为终花期。开花时间通常为每天 9：00~15：00。开花的顺序为主枝顶花、侧枝顶花、侧枝腋花。先开的花，坐果率高，果实也大。油茶为虫媒花，花粉主要是靠土蜂等传播，因此注重油茶林土蜂的保护。

油茶开花要有适宜的温度、光照和水分条件，以便顺利授粉。当日平均温为 20℃ 左右时开始开花。其盛花期的气温是 16~19℃。当气温降到 12℃ 以下时，则花的开放受到抑制。若油茶林木的花期雨水过多，会影响传粉受精，降低坐果率。

六、果实的生长习性

油茶花芽和果实生长发育历时 1 周年，秋花秋实，往往果期尚未结束，花期又至，所以民间称之为"抱子怀胎"，这是油茶植物异于其他果树的一大特征。油茶果实生长发育过程根据其特点可划分为幼果形成期、果实生长期、油脂转化积累期、果熟期 4 个阶段。

(一)幼果形成期

油茶树的花授粉以后，到 3 月中旬子房逐渐膨大，形成幼果。果实初期生长较缓慢，受精至幼果形成，约 4 个月时间，其纵横径生长量占总生长量的 24%左右。在幼果期，因为气温回升，生理抗寒能力减弱，因而在这段时期容易遭受冻害。

(二)果实生长期

3 月以后，幼果的生长逐渐加快，一直到 8 月下旬，这段时期主要是果的体积增大，为果实生长期。此 6 个月果的生长量占其总生长量的 76%左右。这段时期又可分为 3 个阶段，每一阶段都出现一个果生长高峰。

1. 第 1 阶段

3 月初到 4 月底，这 2 个月的时间，果径生长量占其总生长量的 13%左右。

2. 第 2 阶段

4 月底到 5 月底，这 1 个月的果径生长量占其总生长量的 16.5%左右。

3. 第 3 阶段

6 月初到 8 月底，这 3 个月的时间，果径生长量占其生长量的 46%左右。

果在这 3 个阶段所出现的生长高峰分别为 3 月下旬的第 1 高峰，5 月下旬的第 2 高峰，6 月中旬至 7 月中旬的第 3 高峰。油茶果实体积的增大是逐渐加快的，主要是在其生长的后期。果实的最速生长期是在 6 月中旬至 7 月中旬，这一个月果的纵横径增长 1cm 之多，占其总生长量的 1/3。抓住油茶林木果实生长的这些特点，采取相应的措施，如中耕除草，林地追施氮、磷肥和防治病虫害等，对油茶林木果实的增产具有很大的作用。

(三)油脂转化积累期

8 月下旬到 10 月果熟前，为果的增油阶段，果实体积不再增大，为油脂转化积累期。油茶果实含油率在其年周期内存在两个增长高峰期，第一个在 8 月中、下旬至 9 月上旬，第二个在 9 月下旬至 10 月下旬果实采收前。

(四)果熟期

10 月寒露节令以后为果熟期。种子由生理成熟转入形态成熟，果实刚毛大量脱落，果实充分成熟，种子充实饱满，种壳乌黑，有光泽或古铜色。

第三章　信阳油茶良种选育

发展油茶产业，良种是关键。

油茶分布的区域性强、不同品种的产量和品质差异也很大。信阳是油茶分布的北缘区，因气候和立地条件与其他产区存在一定差异，直接引种外地油茶品种存在很大风险。选育适合信阳栽培的油茶优良品种，是提高信阳油茶产量和质量，促进信阳油茶产业健康发展的一项基础性工作

我国油茶资源极为丰富，主要分布在长江流域及以南的中亚热地区和部分热带及北亚热带地区，在长期自然和人工选择的作用下，品种类型丰富，为良种选育提供了丰富的种质基础。

第一节　信阳油茶种质资源

一、信阳本地油茶种质资源

信阳是油茶的自然分布北部边缘区，在长期自然选择的过程中，形成了丰富的种质资源。1980—1981 年，借参加全国油茶科研协作组之机，信阳地区林科所(现信阳市林业科学研究所)组织技术人员对信阳油茶种质资源进行了调查，

表 3-1　信阳市油茶种质资源调查表

品种	类型	果色	果形	果径(cm) 横	果径(cm) 纵	果皮厚(mm)	种子色泽	种子皮厚(mm)	盛花期	分枝角度(°)	分枝性状	叶色	叶形	叶片长(cm)	叶片宽(cm)	冠幅结果数(个/m³)	平均单果重(g)	出鲜籽率(%)	鲜籽百粒重(g)	出干籽率(%)	全干籽仁出率(%)
秋分籽	红球	红	球	3	3	4.5	黑褐	0.4	10月上旬	35~45	密而细	浓绿	椭圆	6.9	3.9	45	14.7	29.6	115	15.45	
	青红长桃	青红	长桃	3.75	4.5	2.75	黑褐	0.3	10月上旬	40~50	密而细	浓绿	椭圆	6.5	3.7	77	23.8	44.1	212	26.5	67.16
	红桃	红	桃	3.05	3.4	1.75	黑色	0.4	10月上旬	40~60	均匀	绿	椭圆	4.5	2.7	50	14.7	46.4	120	25.4	63.77
	红尖桃	红	尖桃	3	3.2	2.5	黑色	0.5	10月上旬	35	稠密	浓绿	长椭圆	6	2	20	14.78	37.4	125	23.89	
	棕色尖桃	棕	尖桃	3.35	3.75	3.5	黄褐	0.4	10月上旬	45~50	密而粗	浓绿	长椭圆	6.3	2.9	93	21.7	38.4	147	21.6	65.7
	棕色桃（具棱侧扁）	棕	桃	2.75	3.25	2.5	黑色	0.4	10月上中旬	30~45	均匀	绿	椭圆	5	2.7	40	16.7	47.2	268	26.2	62.97
霜露籽	小黄圆桃	黄	圆桃	2.7	3.1	1.75	黑褐	0.3	10月上中旬	40~50	均匀	浓绿	长椭圆	6	2.7	102	9.16	52.2	155	29.5	68.47
	大棕色球	棕	球	3.55	3.55	3	黑褐	0.4	10月中下旬	40~50	密而粗	浓绿	长椭圆	6	2.8	65	22.72	46.4	154	27.2	62.86
	黄桃	黄	桃	3.25	3.45	1.75	褐色	0.3	10月中旬	40~50	均匀	绿	椭圆	5.5	3.5	105	17.85	50	187	27	62.72

（续）

品种名称	类型	果色	果形	果径(cm)横	果径(cm)纵	果皮厚(mm)	种子色泽	种子皮厚(mm)	盛花期	分枝角度(°)	分枝性状	叶色	叶形	长(cm)	宽(cm)	冠幅结果数(个/m³)	平均单果重(g)	出鲜籽率(%)	鲜籽百粒重(g)	出干籽率(%)	全干籽出仁率(%)
寒露籽	棕色扁球	棕	扁球	3	2.9	1.9	黄褐	0.4	10月中旬	40~45	密而粗	浓绿	椭圆或长椭圆	5.5	2.7	109	13.51	53.6	182	30.4	66.4
	紫红桃	紫红	桃	3.75	3.75	3	棕褐	0.9	10月中下旬	35~45	密而粗	浓绿	倒卵形	7.6	3.4	77	22.4	51.8	147	22.1	49.33
	青黄桃	青黄	桃	3.25	4.5	2.75	黄褐	0.3	10月中下旬	40~55	均匀	浓绿	椭圆或圆形	6.5	3.5	127	20	45.6	98	20.8	69.71
	紫红脐顶	紫红	脐顶	2.85	3.35	2.5	棕色	0.3	10月中旬	40~50	均匀	浓绿	椭圆或圆形	5.5	3	59	14.3	43.4	106	21.7	64
	红椭圆	红	椭圆	3.75	3.25	3	褐色	0.4	10月中旬	40~60	均匀	绿	椭圆或圆形	4.5	2.5	35	14.7	46.4	120	25.4	63.77
	小紫红桃	紫红	桃	1.7	2.7	2	黑色	0.4	10月上中旬	40~50	密而细	浓绿	长椭圆	5.3	2.3	20	5.35	40.05	130	23.45	
	红橄榄	红	橄榄	2.8	4.2	3.5	黑色	0.5	10月上旬	45~50	稀而细	浓绿	长椭圆	7.1	3.1	30	16.13	36.08		24.36	
	小青红球	青红	球	2.5	2.5	2.5	黑色	0.4	10月中旬	50~60	均匀	浓绿	椭圆或圆形	8.4	4.6	30	6.85	30.05		20.98	
	青褐长桃	青褐	长桃	2.4	3.5	2.5	黑色	0.4	10月中下旬	35~45	密而细	绿	椭圆或圆形	5.7	3.0	51	11.36	31.39		22.87	

（续）

品种类型名称 品种	类型	果色	果形	果径(cm) 横	果径(cm) 纵	果皮厚 (mm)	种子 色泽	种子 皮厚(mm)	盛花期	分枝 角度(°)	分枝 性状	叶色	叶片 叶形	叶片 长(cm)	叶片 宽(cm)	冠幅结 果数(个 /m³)	平均 单果 重(g)	出鲜 籽率 (%)	鲜籽 百粒 重(g)	出干 籽率 (%)	全干 籽仁 率(%)
霜降籽	红球	红	球	3.6	3.6	3.5	黑褐	0.4	10月中下旬	35~40	均匀	浓绿	长椭圆	5.5	2.6	41	23.8	43	170	28.7	64.8
	红扁球	红	球	3.3	3.1	2.75	棕色	0.3	10月中下旬	40~50	均匀	浓绿	椭圆	6.6	3.5	59	19.23	46.8	166	29.1	65.29
	小棕桃	棕	桃	2.75	3.1	1.75	黑褐	0.4	10月中下旬	40~50	稀而细	绿	椭圆	6.0	3.2	40	8.33	56	103	33.5	63.35
	大黄桃	黄	桃	3.35	3.75	2.5	黄褐	0.4	10月中下旬	40~50	均匀	浓绿	长椭圆	6.0	2.7	57	22.71	48.2	267	26.4	63.63
	棕色薄皮敛嘴	棕	敛嘴	3.35	3.25	1.5	黄褐	0.4	10月中下旬	40~60	稀而细	绿	椭或长椭圆	5.3	2.5	57	15.15	54.2	106	33.4	63.47
	大红倒卵	红	倒卵	4	3.1	2.5	黑褐	0.6	10月下旬 11月上旬	30~40	均匀	浓绿	长椭圆	6.0	2.8	61	22.71	44.2	196	29.5	58.98
	紫红扁球	紫红	扁球	3.1	2.9	2.25	黑褐	0.3	10月下旬	40~50	密而细	浓绿	椭或长椭圆	5.8	2.7	69	16.13	44.9	212	25.7	59.14
	青红脐桃	青红	脐桃	3.25	4.25	2.5	黑色	0.3	10月下旬	45~50	稀而细	绿	椭或长椭圆	6.5	3.2	35	20	45.5	206	24	68.33
	大红桃	红	桃	3.75	4.25	2.5	黑色	0.6	10月下旬	40~50	均匀	绿	椭圆	5.5	3.0	64	17.24	50.5	247	27.8	64.02

（续）

品种类型名称		果色	果形	果径(cm)横	果径(cm)纵	果皮厚(mm)	种子色泽	种子皮厚(mm)	盛花期	分枝角度(°)	分枝性状	叶色	叶形	叶长(cm)	叶宽(cm)	冠幅结果数(个/m³)	平均单果重(g)	出鲜籽率(%)	鲜籽百粒重(g)	出干籽率(%)	全干籽仁出仁率(%)
霜降籽	红金钱底	红	金钱底	3.4	4.25	3.5	黄褐	0.4	10月下旬、11月上旬	40~50	均匀	浓绿	椭圆	6.5	3.5	54	31.25	43.7	240	23.7	64.13
	青黄倒卵	青黄	倒卵	3.25	3.85	3	褐色	0.4	10月下旬	40~45	均匀	浓绿	椭圆	5.7	3.2	66	14.28	46.1	319	25.5	58.82
	紫红歪桃	紫红	歪桃	4.25	5.25	4.5	黄褐	0.4	10月下旬	40~50	均匀	浓绿	长椭圆	5.3	2.3	56	19.23	26.8	279	14.9	67.78
	红皱嘴	红	皱嘴	3.25	3.75	2.5	黄褐	0.3	10月下旬、11月上旬	40~50	密而粗	浓绿	长椭圆	5.5	2.5	90	23.81	40.2	167	18.9	67.72
	红凹咀桃	红	凹咀桃	3.55	4.25	3.5	黑色	0.3	10月下旬	40~50	均匀	浓绿	长椭圆	5.5	2.7	59	18.51	41.4	216	21.5	72.09
	棕色尖桃	棕色	尖桃	3.25	3.6	3.5	黄褐	0.7	10月下旬、11月上旬	45~60	均匀	绿	长椭圆	5.7	2.5	117	19.23	46.8	184	24	52.91
	红圆桃	红	圆桃	3.8	3.5	3	黄褐	0.3	10月下旬、11月上旬	40~55	稀而粗	绿	椭圆	6.0	3.2	84	25	38.2	165	21.3	60.09

（续）

品种类型名称		植物主要形态特征													经济性状					
		果实				种子		盛花期	枝干		叶片				冠幅果结数(个/m³)	平均单果重(g)	出鲜籽率(%)	鲜籽百粒重(g)	出干籽率(%)	全干籽仁率(%)
品种	类型	果色	果形	果径(cm)横	纵	果皮厚(mm)	色泽	皮厚(mm)		分枝角度(°)	分枝性状	叶色	叶形	长(cm)	宽(cm)							
霜降籽	青黄球	青黄	球	3.25	3.8	3.5	褐黑	0.3	10月下旬11月上旬	50~60	稀而细	浓绿	椭圆	5.5	2.9	81	33.33	42.4	241	23.7	66.24
	大青红桃	青红	桃	3.25	4.25	3.5	褐色	0.9	10月中下旬	45~60	密而粗	浓绿	长椭圆	6.0	2.8	62	20.8	39.7	248	19.2	55.72
	青褐球	青褐	球	2.7	2.7	4.2	黑色	0.5	10月下旬	40~60	均匀	浓绿	长椭圆	7.7	3.5	35	8.77	19.36		14.04	
	青紫球	青紫	球	3	3	3	褐色	0.4	10月下旬	45~60	稀而细	浓绿	椭圆	7.0	4.5	25	11.62	31.55		23.42	
	棕色脐顶	棕色	脐顶	2.9	3.1	2.5	褐色	0.4	10月中旬	30~45	密而细	绿	椭圆	5.0	3.0	30	11.9	41.56		26.61	
	小青黄球	青黄	球	2.7	2.9	2.5	黑色	0.4	11月上旬	35~45	密而细	浓绿	椭圆	4.8	2.9	65	13.88	35.03		22.02	
	青红桃	青红	桃	3	3.4	3	黑褐	0.4	10月下旬	40~60	密而粗	浓绿	椭圆	5.4	3.2	30	11.9	34.22		22.84	
立冬籽	青红皱嘴	青红	皱嘴	3.75	3.55	2.5	黑褐	0.3	10月下旬11月上旬	40~60	稀而粗	浓绿	椭圆	6.5	3.4	39	22.72	49.3	228	23.7	66.66

（续）

品种	品种类型名称	果色	果形	纵径(cm)	横径(cm)	果皮厚(mm)	种子色泽	皮厚(mm)	盛花期	分枝角度(°)	分枝性状	叶色	叶形	长(cm)	宽(cm)	冠幅结果数(个/m³)	平均单果重(g)	出鲜籽率(%)	鲜籽百粒重(g)	出干籽率(%)	全干籽出仁率(%)
立冬籽	红橘形	红	橘形	3.2	4.2	3.5	黑褐	0.3	10月下旬、11月上旬	40~50	密而粗	绿	椭圆	4.8	2.5	30	33.33	49.1	280	23.7	62.86
	红脐状扁球	红	扁球	3.6	4	3	黑褐	0.5	10月下旬	30~50	密而细	浓绿	椭圆	6.5	3.5	25	31.25	42.2	224	22.4	61.6
	红金钱底	红	金钱底	3.75	3.55	3.5	黑褐	0.7	11月上旬	40~50	均匀	浓绿	椭圆	5.8	3.2	32	17.85	39	268	24.2	62.8
	青球	青	球	3.65	3.4	3	黄色	0.3	11月上旬	50~60	均匀	绿	长椭圆	6.0	2.8	53	22.72	46.1	177	21.8	66.51
	黄长桃（具棱）	青	长桃	4.25	3.25	2.8	黄色	0.5	11月上旬	40~50	稀而细	浓绿	椭圆	5.6	3.0	33	20	39.6	220	14.7	61.9
	大红橄榄	红	橄榄	4.25	3.15	3.5	黄褐	0.3	11月上旬	40~50	稀而细	浓绿	椭圆	6.2	3.4	57	22.72	40	195	17.5	69.14
	红扁球	红	扁球	3.5	3.8	3	黄色	0.3	11月上旬	45~50	稀而粗	绿	椭圆	5.7	3.2	6.2	33.33	34.1	279	18.5	64.32
	棕色脐顶	棕	脐顶	3.75	3.25	3	黄色	0.3	11月上旬	40~50	稀而粗	浓绿	椭圆	5.5	3.0	51	15.62	34.32	242	15.1	72.84

（续）

品种	品种类型名称 类型	植物主要形态特征 果实 果色	果形	果径(cm) 横	纵	果皮厚(mm)	种子 色泽	皮厚(mm)	盛花期	枝干 分枝角度(°)	分枝性状	叶片 叶色	叶形	长(cm)	宽(cm)	经济性状 冠幅结果数(个/m³)	平均单果重(g)	出鲜籽率(%)	鲜籽百粒重(g)	出干籽率(%)	全干籽仁出仁率(%)
立冬籽	黄橘形	黄	橘形	4	3.1	4.5	黄褐	0.6	11月上中旬	45~60	均匀	浓绿	椭圆	6.5	3.5	106	29.41	37.8	257	20	64
	青红脐顶	青红	脐顶	3.75	4.25	3.5	黄褐	0.3	11月上中旬	40~50	均匀	浓绿	椭圆、长椭圆	6.5	3.1	127	22.72	30	130	13.8	67.39
	紫红桃（其棱）	紫红	桃	2.4	3	3	黄褐	0.4	11月上旬	40~60	密而细	浓绿	长椭圆	5.8	2.5	25	9.62	34.38		20.31	
	青皱嘴	青	皱嘴	2.6	2.6	4	黑色	0.4	10月中下旬	40~50	密而粗	浓绿	长椭圆	7.0	2.8	40	7.57	19.6		7.81	
	青三棱倒卵	青	倒卵	4.1	3.9	4	黑褐	0.4	10月下旬	40~45	密而细	绿	长椭圆	7.4	3.3	40	31.25	36.88		20.1	

表3-2　油茶优良类型经济性状比较表

品种类型名称		产地（按县名）	冠幅每m²结果数（个）	斤果数（个）	单果重（g）	出鲜籽率（%）	鲜籽百粒重（g）	出干籽率（%）	全干籽出仁率（%）	种仁含油率（%）
品种群	类型					经济性状表现				
秋分	红桃	新县、商城、光山	50	34	14.7	46.4	120	25.4	63.17	
寒露	小黄圆桃	罗山、新县、商城	102	54	9.26	52.2	155	29.5	68.47	56
	黄桃	光山、新县、浉河、商城	105	28	17.85	50	187	27	62.22	56
	棕色扁球	光山	109	37	13.51	53.6	182	30.4	66.4	
霜降	红扁球	新县、光山、商城、浉河	59	26	19.23	46.8	166	29.1	65.29	50
	大黄桃	光山、新县	57	22	22.72	48.2	267	26.4	63.6	40
	棕色薄皮绉嘴	光山、商城、新县、浉河	57	33	15.15	54.2	106	33.4	63.47	48
	大红桃	新县、浉河、光山、商城、罗山	64	29	17.24	50.5	247	27.8	64.02	52
立冬	青红皱嘴	浉河、新县、罗山	39	22	22.72	49.3	228	23.7	66.66	50
	红橘形	浉河、商城	30	15	33.33	49.1	180	23.7	62.8	50

获得了第一次调查成果。2008—2009 年，河南省林科院、信阳市林业科学研究所、信阳市林业工作站再次组织开展了信阳油茶现状调查。通过两次调查，基本摸清了油茶资源的分布、类型划分和生长特性等基本情况。根据调查、鉴定，按果实成熟期，划分为秋分籽、寒露籽、霜降籽和立冬籽 4 个品种群；按果色、果形、大小、果皮厚度、种子色泽等形态特征显著差异，分为 55 个品种类型，其中优良品种类型 10 个，占 18.2 %，较好品种类型 15 个，占 27.3 %，表现一般及较差品种类型 30 个，占 54.5 %，详见表 3-1、表 3-2。这一调查成果也印证了老油茶林的低产原因。

二、种质资源收集与保存

种质资源收集与保存是保障种质资源安全，开展种质创新的重要基础。20 世纪 70 ~ 80 年代，信阳就开展了油茶种质资源收集与保存工作，当时收集江西、湖南、广西、云南福建等省区的优良农家品种 34 个，保存在商城县林业科学研究所。

随着信阳油茶种植迅速发展，油茶良种筛选显得更加迫切，2013 年开始，在河南省林业局和信阳市林业局的大力支持和指导下，信阳市林业工作站与商城县林业科学研究所合作，开展油茶种质资源库建设工作，以保存国内油茶种质资源为目的，开展北部边缘区油茶良种筛选和杂交育种，选育适宜信阳的栽培品种。建设地点位于商城县河凤桥乡观音山。

截止到 2021 年，商城县油茶种质资源库共收集、保存油茶物种 2 种：普通油茶、浙江红花油茶；优良农家品种 34 个；无性系 59 个；优株 17 份。分为原(野)生种质资源保存区、优良品种保存区、优株等选育材料区、良种繁育区、采穗圃等小区。目前，已建成油茶优良种质资源收集圃14.67hm²；良种繁育区3.0hm²；采穗圃3.5hm²；320m²钢架自动喷灌温棚一座。2020年5月，被认定为河南省第一批省级林木种质资源库。具体收集、保存情况详见表3-3。

表3-3　商城县油茶省级林木种质资源库保存种质资源情况表

油茶种质资源	种质资源类别	数量(份数)	种质名称(编号)	来源
'长林'系列	优良无性系	12	长林3号、4号、18号、23号、27号、40号、53号、3-1、3-2、4-2、4-3	中国林业科学研究院亚林中心
'大别山'系列	优良无性系	3	大别山1号、2号、3号	安徽省林业科学研究院
豫油茶	优株	15	豫油茶1号至15号	商城、光山、新县
'赣'系列	优良无性系	17	赣70、190、447；赣石84-1、84-2、84-3、84-4、84-8；赣无1、2、11、12、24；赣抚20；赣兴46、48；赣永5、6	江西省林业科学研究院
'华字'系列	优良无性系	3	华鑫、华金、华硕	湖南省林业科学研究院
'湘林'系列	优良无性系	4	湘林1、210；德字1号；衡东大桃2号	湖南省林业科学研究院
红花油茶	优良无性系	18	HY1、HY4、HY8、HY14、HY32、HY44、HY46、HY55、HY58、HY63、HY64、HY109、HY114、HY129、HY144、HY156、HY159、HY179	中国林业科学研究院亚林中心
申林油茶	优株	2	申林1号、申林2号	商城、新县
原(野)生品种	优良农家品种	34		河南、江西、湖南、广西、云南、福建

第二节　信阳油茶良种选育

为满足北部边缘区油茶种植的需求，相关科研院所、高校、企业积极参与适生良种的选育，加速了信阳油茶良种选育的进程。目前，信阳油茶良种选育技术路线主要有三：一是本地选优；二是引进良种再筛选；三是杂交育种。本地选优与引进良种再筛选已取得系列成果，为信阳油茶产业发展奠定了良种基础。

一、本地选优

信阳是油茶自然分的北部边缘区，栽培和利用历史悠久，在长期的自然和人工选择下，种质资源十分丰富，且对环境的适应性强，如立地条件、气候、抗病性，因此，通过优树选择选育良种是重要的途径之一。

根据《油茶良种选育技术规程》（GB/T 28991—2020），优树选择应符合下列条件：

优树选择：林分起源为实生群体，树龄超过 10 年，树形完整，生长正常，丰产稳定性好，单位冠幅面积连续 3 年平均产量≥1.2kg/m^2。

果实主要经济性状的选优指标：鲜出籽率≥40%；干出籽率≥20%；干籽出仁率≥55%；种仁含油率≥45%；干籽含油率≥28%；平均鲜果含油率≥6.4%。

选优程序：种质资源（林分）调查—初选—复选—决选—无性系评价—区域试验评价—适生良种。

2008—2009 年，河南省林业科学研究院油茶科研团队与商城县林业科学研究所、光山县森林病虫害防治检疫站、新县林木种苗管理站等单位合作，在商城、新县、光山筛选出一批优树，决选出 15 份优树，即豫油茶 1−15 号，在此基础上选育出豫油茶 1 号、豫油茶 2 号两个优良品种，并经河南省林木品种审定委员会认定，填补了河南省内无油茶良种的空白。

2008 年以来，信阳市林业科学研究所也持续开展了油茶良种选育工作。2008 年，信阳市林业科学研究所通过承担的国家"十一五"科技支撑子专题"河南油茶良种选育"（项目编号：2009BADB1B01−02−09）的支持，并与商城县林业局、新县林业局、光山县林业局合作，在对商城、新县、光山野生油茶资源调查的基础上，初选出一批优良单株，并经复选、决选，筛选出 3 份优株，即申林 1−3 号。2012 年在商城、新县、光山营建无性系区域试验林，对照品种为长林 53 号，开展区域实验评价。2021 年 9 月底，河南省经济林和种苗管理站组织专家对申林 1 号、申林 2 号进行了现场考察。

申林 1 号：树势较强，树冠紧凑，主干灰黄色，光滑，树体较小，圆头形；叶椭圆形，颜色深绿，单叶互生，叶片厚革质；果实圆形，果皮红色，大小较均匀，平均横径 3.5cm、纵径 3.8cm、果皮厚 0.5cm，平均单果重 14.1g，9 月下旬为果实成熟期，属秋分籽类型；鲜果出籽率 35.0%，干出仁率 68.17%，仁含油率达 54.41%，鲜果出油率 8.56%，抗炭疽病能力强。

申林 2 号：树冠圆锥形，树姿强健，冠形较开张，主干灰黄色，光滑，一年生小枝灰绿色，微被短柔毛；叶椭圆形，生长较稠密，颜色深绿，单叶互生，叶片厚革质，先端渐尖，基部楔形，边缘具细锯齿；10 月中旬盛花，10 月上旬为果实成熟期，属寒露籽类型；果实扁圆形，果皮青略带红色，大小较均匀，平均单果重 15.1g，鲜果出籽率 37.7%，鲜果含油率 5.95%；对干旱、霜冻及油茶炭疽病等均有较强的抗性，较稳产。

图 3-1　申林 1 号

图 3-2　申林 2 号

二、引进良种再筛选

2019 年开始，信阳油茶种植迅速发展，每年以 5 万亩的速度递增。由于信阳在前期本地油茶良种选育、采穗圃建设、种苗繁育等储备不足，只能从江西、湖南等引进良种种植。由于缺乏区域实验评价，是造成早期新低产林的主要原因。开展引进良种再筛选，满足生产的需求，更加迫切。

2009 年以来，在信阳市林业工作站、信阳市林业科学研究所及种植企业的协同下，先后从浙江、湖南、江西、安徽等地引进'长林'系列13个、'大别山'系列8个、'赣无'系列17个、'华字'系列3个、'湘林'"系列11个、'红花油茶'20个等油茶优良无性系72个，分别在商城县、新县、光山县、罗山县、平桥区和浉河区营建区域实验林。

目前，引种较早的'长林'系列区试已取得系列成果，其他引进良种的区域评价仍在进行。2015年，'长林'系列的8个优良无性系，即长林3号、长林4号、长林18号、长林23号、长林27号、长林40号、长林53号、长林166号，经河南省林木品种审定委员会认定为河南省推广良种。上述8个品种在信阳各种植区表现存在一定差异，长林4号、长林53号整体表现较优，建议作为主栽品种，其他作为授粉树配置。

第三节　信阳主要推广的油茶良种

长林4号：树势较旺，枝叶茂密，光合效率高，叶脉白色隆起。果实呈桃形，青带红，较大，干出籽率为26.9%，出仁率54.0%，含油率46.0%，产量高而稳，只是皮稍厚。叶宽卵形，枝条较粗，发芽晚，叶面积指数5。始花期为11月初，花期持续20天。6年生单株产果量5~6kg，亩产油量超过35kg。

长林18号：叶子浓密，叶面平，花见红斑，光合效率高，花期早，成熟早。果实中等偏大，红色，俗称大红袍。干出籽率为25.2%，出仁率61.8%，含油率48.6%。叶短呈矩卵形，枝条中等，发芽早，叶面积指数4~5。始花期为10月上旬，花期持续25天。在土壤较为贫瘠的山脊地带正常结实。6年生单株产果量可以达到3kg左右，亩产油量可以超过20kg。主要缺点是长势不旺，并有少量炭疽病。

长林40号：树势旺，抗性强，光合效率高。果实近梨形，青带红，有条纹，中偏小，干出籽率为25.2%，出仁率63.1%，含油率50.3%。叶矩卵形，长枝条，发芽晚，叶面积指数大于5。始花期为10月下旬，花期持续30天，高产稳产。长势旺、抗性强，且极少感病。6年生单株产果量超过8kg，亩产油量就能超过50kg。主要缺点是果实大小变化大，果皮偏厚。

长林53号：长势偏弱，但粗枝大叶，枝条硬，叶子浓密，叶面积平均大于3.5，光合效率高。果呈梨形，黄带红，果大籽大；干出籽率为27.0%，出仁率为59.2%，含油率45.0%。叶厚宽卵形，枝条粗壮，发芽晚，始花期为11月初，花期持续20天，坐果率高。6年生单株产果量4~5kg，亩产油量可以超过25kg。主要缺点是长势不旺，结实大小年变化比较明显，过度结实时种实质量下降并伴有大量落果。

长林3号：长势中等偏强，枝叶稍开张。叶幕层中等。花期与长林4号相近。果实中等偏小，色泽偏黄，呈桃形或近橄榄形，有尖头。干出籽率为24.0%，出仁率56.7%，含油率46.8%，产量较稳定，能基本保持连年结实。叶近柳叶形，枝条细长、散生，发芽晚，叶面积指数4左右。始花期为11月上旬，花期持续25天。6年生单株平均产果量约4kg，亩产油量可以超过20kg。主要缺点是枝叶不够浓密，有少量炭疽病。

长林23号：长势较旺，开花和种实成熟与'长林'40号基本同步，所以是'长林'40号的理想配栽系。果实一般于10月20日前后成熟，10月下旬始花。球形果，青黄色，向阳面橙红色，大小中等，高产。盛产期产油量能达到61.6kg/667m^2。干出籽率为22.0%，出仁率为57.2%，含油率49.7%。叶短矩卵形，枝条中等粗细，发芽中偏晚，叶面积指数4~5。始花期为10月下旬，花期持续30天。6年生单株产果量4kg，亩产油达40kg。主要缺点是易感软腐病，成熟前有裂果，果皮稍偏厚，大小年明显。

长林27号：长势中等偏弱，枝条直立、粗壮、稀疏，分枝较少。发芽晚。叶片宽大，呈广卵形，叶面积指数4左右。果球形，红色，中等大小。干出籽率为21.4%，出仁率为69.7%，含油率48.6%。花期居中，始花期为10月下旬，花期持续25天。该品种对立地条件和肥培管理要求较高。土质肥沃、疏松，合理施肥，才能保证其长势旺盛，并大量结实，因抗空气污染的能力较强，适宜于土壤肥沃的地点推广应用。主要缺点是对土壤积水的适应能力较差，特别不适宜在黏性强、排水不良的地段种植。

长林166号：长势中等，叶柳叶形，枝条细长，发芽早，嫩枝红芽，嫩叶背面红色，叶面积指数4~5。果实均匀，种子发育良好；果实橄榄形，色泽鲜红，果实偏小；每果种子1~2粒，少有3粒，干出籽率23.6%，出仁率62.0%，仁含油率51.0%。始花期10月下旬起，花期长约20天。6年生单株产果量超过5kg，亩产油量可以超过25kg。主要缺点是对不良环境的敏感性强，容易受到肥害，对酸雨危害也较为敏感。

豫油茶1号：油茶树姿开张。叶片卵形，浅绿色。果实单生，球形，成熟时黄绿色；鲜果平均单果重16.96g，果高3.0cm，果径3.1cm，鲜果出籽率40.46%，鲜果含油率为5.96%；茶油中油酸含量85.6%，亚油酸含量4.0%，亚麻酸含量 0.3%。对低温、干旱及油茶炭疽病等均有较强的抗性。信阳地区果实成熟期为 10 月中旬。

豫油茶 2 号：油茶树树体生长旺盛，树姿半开张，枝叶密度较大，叶片椭圆形，中绿色。果实单生，桃形，成熟时青红色，成熟期在信阳地区为 10 月中旬。9 年生平均树高 1.68 m、地径 5.9cm、冠幅 1.61m；鲜果平均单果重 27.81g，果高 4.1cm，果径 3.8cm，鲜果出籽率 48.89%，鲜果含油率为 5.83%；茶油中油酸含量 82.4%，亚油酸含量 6.7%，亚麻酸含量 0.3%。对低温、干旱及油茶炭疽病等均有较强的抗性。

第四节 信阳油茶良种采穗圃建设情况

油茶采穗圃是落实定点采穗，为繁育油茶优良无性系苗木生产穗条的基地，是一项非常重要的基础性工作。采穗圃建立方式一般有 2 种：大树高枝嫁接建立临时采穗圃和优良无性系嫁接苗新造林建立固定采穗圃。这里主要介绍优良无性系嫁接苗新造林建立固定采穗圃。

一、采穗圃营造

(一)新造林采穗圃营造

1. 选址

选择交通方便，排灌条件好，坡面整齐、开阔，集中连片，坡度在 25° 以下，土壤肥沃，通气、排水、保水性能良好，土层厚度 50 cm 以上，pH4.5～6.5，石砾含量不超过

15% 的低山丘陵地作为采穗圃地。每个采穗圃面积不少于 1 hm^2。

2. 布局与配置

选择经国家或省级林木品种审（认）定的适宜河南生长的优良品种，品种数量 3 个以上。品种的布局与配置可以成行、成块和成片，以利于生产为主。每个品种（无性系）应树立标牌，标记品种名称（编号）、数量；同时绘制定植图，注明每个品种所在位置和数量。

3. 苗木选择

必须选用种源清楚的良种嫁接苗木，裸根苗用 2 年生嫁接苗，苗高 30cm 以上，嫁接口基径 0.3cm 以上；容器苗用 2 年生嫁接苗，苗高 12cm 以上，嫁接口基径 0.2cm 以上，根系发达，无病虫害。

4. 密度

专用采穗圃栽植密度 1.5～2m×2m，167～222 株/667m^2；兼用采穗圃栽植密度 2m×3m，111 株/667m^2。

5. 整地

整地时间，秋冬季或栽植前 2～3 个月。整地方式，因地制宜采取全垦整地或带状整地方式。全垦整地，坡度小于 10°的缓坡地，宜采用机械全垦整地，挖垦的深度在 30 cm 以上。带状整地，适于坡度在 10°～25°的坡地。由下而上水平带状抽槽整地，根据坡度确定带宽，10°～15°带面宽 2～2.5m，15°～20°带面宽 1.5～2m，20°～25°以上的带面宽 1 m 左右。

6. 挖穴

全垦整地采用拉线，上下左右对齐的方式定点开穴；带状整地沿水平带方向依设计株距定点开穴。穴的规格为 60cm×60cm×60cm。

7. 施基肥

结合挖穴，每株施农家肥 10～15kg 或复合肥 0.3～0.5kg，肥料在穴底与表土充分拌匀。

8. 栽植

时间为 2 月下旬至 3 月中旬。宜选在阴天或晴天傍晚进行。裸根苗用泥浆蘸根栽植，做到苗正、根舒、分层填土压实，根颈要低于地面 2～3cm。塑料袋容器苗要脱袋栽植。定植后浇透定根水，培土成馒头形。同一品种大苗要及时补植。

新造林建立采穗圃要点：①良种比例：花期、成熟期确定良种组合，主配栽良种比例确定采穗圃良种比例；②密度：100～167 株/亩(建议与生产性密度一致)；③采穗量控制：多次采穗；④水肥管理；⑤早期控形；⑥修剪技术(疏剪)；⑦结果量控制。

(二)采穗圃经营管理具体技术

1. 松土除草

定植当年 7～8 月进行 1 次；第 2～5 年每年 3 次，分别在 5 月、7 月、9 月。

2. 扶苗培蔸

结合松土除草，扶正倾斜倒伏的植株，在根基培土固定。

3. 幼树定形

定干，高度为 40～50cm，生长季节对萌芽枝摘心；定植前 3 年主要培养树冠，秋季摘除花芽。

4. 垦复

冬季进行，深度为 15~25cm，可与施肥相结合。

5. 施肥

栽植当年不施追肥。次年开始结合抚育施肥。秋冬季以农家肥为主，春季以复合肥为主。采穗后追施一次氮肥。

采穗圃经营管理要点：定植图、分品种，建立档案，专人管理。

（三）穗条采集

1. 穗条标准

选用植株中上部粗壮较长的枝条，粗度要求在 0.15 cm 以上，节间长度要求在 1.5 cm 以上；枝条及叶部无病虫害。

2. 采集时间

撕皮嵌接于 5 月中下旬至 6 月中旬采集当年生半木质化穗条；拉皮切接于 5 月中旬至 7 月中旬采集当年生半木质化到木质化的穗条。采集时若为晴天宜在 10：00 前和 15：00 后，阴天可全天采穗。

3. 穗条包装

穗条分品种采集，不同品种间不能混合。分品种保鲜袋包装，挂标签，注明品种名称、采集地、采集日期、采集人等相关信息。

（四）档案建立

建立健全采穗圃技术档案，做到记录准确、资料完整、归档及时、使用方便。内容包括采穗圃面积、地形图、品系数量、品种排列定植图、营建过程等的营建档案，种植、营林措施等管理措施档案，以及采穗时间、采穗量、调运去向、生产和经营许可证号等内容的穗条生产档案。记录要求按照 GB/T 15776 的规定执行。

二、信阳油茶良种基地建设

1. 油茶良种基地建设

2009 年和 2010 年国家林业局和国家发改委批复建设油茶良种基地 3 个，总规模 83.5hm^2。建成种质资源收集保存区(引种育种区)26.9hm^2、良种采穗圃 30.0hm^2、试验示范区 13.3hm^2 和良种繁殖圃 13.3hm^2 的建设任务，通过了河南省林业厅组织的竣工验收。3 个良种基地主要收集了长林 3 号、4 号、18 号、21 号、23 号、27 号、40 号、53 号、55、166 号等"长林"系列 10 个品种，大别山 1~5 号和豫油茶 1~15 号，共有 30 多个品种。

2. 良种采穗圃建设与认定

为推进油茶产业发展的良种化，省、市林业主管部门 2009 年起，开展了油茶定点育苗和油茶良种采穗圃建设工作。2015 年，河南省林业厅组织认定了光山县诚信实业开发有限责任公司、商城县林科所和新县林业局苗圃场 3 个油茶良种采穗圃。3 个油茶良种采穗圃面积 30hm^2，可年提供穗条 25000kg 以上，产穗条 300 多万支，有力推动了信阳油茶产业的良种化、规模化发展。

商城县林科所认定的油茶采穗圃为 2010 年定植的 2 年生芽苗砧嫁接苗，来源于中国林业科学研究院亚林中心和河南省林科院，面积 12hm^2，可采品种 10 个，为长林 3、4、

18、23、27、40、53 和 166 号 8 个品种以及豫油茶 1、2 号 2 个品种。密度为 2m×3m，平均高 1.5m，平均冠幅 1.5m，可年产穗条 10000kg。各品种长势良好，表现与原产地基本相似，适宜在当地生长。

图 3-3　油茶采穗圃

新县国有苗圃场认定的油茶采穗圃为 2010 年定植的 2 年生芽苗砧嫁接苗，来源于中国林业科学研究院亚林中心，面积 10hm²，可采品种 8 个，为长林 3、4、18、23、27、40、53 和 166 号。密度为 2m×3m，平均高 1.5m，平均冠幅 1.5m，可年产穗条 10000kg。各品种长势良好，表现与原产地基本相似，适宜在当地生长。

光山诚信实业开发有限责任公司认定的油茶采穗圃为 2010 年定植的 2 年生芽苗砧嫁接苗，来源于中国林业科学研究院亚林中心，采穗圃面积 8hm²，可采品种 8 个，为长林 3、4、18、23、27、40、53 和 166 号等。目前，密度为 2m×3m，平均高 1.5m，平均冠幅 1.5m，可年产穗条 5000kg。各品种长势良好，表现与原产地基本相似，适宜在当地生长。

第五节　信阳市油茶定点育苗

2008 年以前，信阳油茶造林主要以种子直播造林为主，少量育苗也是采用种子育苗。2008 年后，国家、省、市先后印发关于加强油茶种苗质量管理等一系列的文件和通知，强调油茶造林必须采用良种，油茶种苗生产要做到"四定三清楚"，即定点育苗、定点采穗、定单生产、定向供应，做到穗条来源清楚、品种清楚、苗木销售去向清楚。

一、信阳油茶育苗企业的认定

根据《河南省林业厅关于开展油茶良种苗木生产点认定工作的通知》（豫林文〔2009〕37 号），2009 年以来，经省林业厅先后认定，河南省联兴油茶产业开发有限公司、新县林业局苗圃场、商城县长园野生茶油有限公司、商城县国营苗圃场、信阳绿达山油茶资源发展有限公司、河南森旺农林科技有限公司、浉河区苗圃场、新县油茶研究所和光山县林科所等 9 家企业事业单位为油茶良种定点育苗单位，其中，长期开展油茶育苗的单位有 5 家。育苗总面积 20hm^2，每年培育芽苗砧嫁接苗近 1000 万株，出圃苗木达 800 万株。品种主要为"长林"系列 3、4、18、23、27、40、53 和 166 号 8 个品种和豫油茶 1~2 号 2 个品种等。

二、信阳油茶定点育苗单位

1. 新县林业局苗圃场

位于浒湾乡黄墩村的优质苗木繁育基地，圃地

7. 13hm²。近年来大力推广油茶芽苗砧嫁接轻基质容器育苗技术，年培育"长林"3 号、4 号、18 号、23 号、27 号、40 号、53 号、166 号 8 个品种容器嫁接苗木 120 余万株，嫁接成活率达到 80%，年预计出圃 100 万株。

图 3-4　新县林业局苗圃场

2. 信阳绿达山油茶资源发展有限公司

建有温控大棚 2560m²，阳光大棚 11398m²，生产管理用房 858. 96m²、年培育"长林"4 号、18 号、23 号、27 号、40 号、53 号 6 个品种容器嫁接苗木 150 余万株，嫁接成活率达到 80%，年预计出圃 120 万株。

图 3-5 信阳绿达山油茶资源发展有限公司

3. 商城县长园野生茶油有限公司

建有优良无性系种苗繁殖基地 6.67hm²。年培育"长林" 4 号、18 号、23 号、27 号、40 号、53 号、豫油茶 1、2 号 8 个品种容器嫁接苗木 160 余万株，嫁接成活率达到 80%，年预计出圃 120 万株。

4. 商城县国营苗圃场

总面积 12hm²，年培育"长林"4 号、18 号、23 号、40 号、53 号、豫油茶 1、2 号 7 个品种容器嫁接苗木 80 余万株，嫁接成活率达到 80%，年预计出圃 55 万株。

图 3-6　商城县国营苗圃场

5. 河南省联兴油茶产业开发有限公司

流转荒山荒地 3 万余亩，是一家以油茶产业为主，集茶叶种植、苗木花卉培育、水产及特禽养殖于一体的综合性农林重点龙头企业。该公司油茶繁育面积 $3.33hm^2$，年培育"长林" 4 号、18 号、23 号、40 号、53 号 5 个品种容器嫁接苗木 160 余万株，嫁接成活率达到 80%，年预计出圃 120 万株。

三、油茶种苗生产经营质量管理

1. "四定三清楚"

良种是油茶产业的基础，油茶苗木生产经营必须要落实"四定三清楚"，即实行定点采穗、定点育苗、定单生产、定向供应；做到品种清楚、种源清楚、苗木销售去向清楚。实践证明，"四定三清楚"是保障油茶种苗科学生产及有序供应、推进油茶产业科学健康发展最有效的措施。按照"四定三清楚"组织开展种苗生产，着力抓好定点采穗圃、定点苗圃的生产管理和质量监督。

2. 分系育苗、容器苗

实行分系育苗，积极推广容器苗和两年生苗木上山造林。实行分系育苗是确保种苗品种清楚，实现油茶造林多品种有效配置的基础，主栽、配栽品种清楚，比例合适（主栽品种一般占80%）。实践证明，容器苗、两年生苗抗性强，造林成活率高。目前，信阳全部推广容器育苗技术，要大力提倡使用两年生容器苗造林。

3. 芽苗砧嫁接技术

推广使用芽苗砧嫁接技术培育油茶良种苗木，慎重使用扦插育苗技术，严禁使用种子实生繁殖技术。苗圃要绘制定植图，并有明显的标识牌。出圃的苗木要附有良种标签，标明品种名称，确保品种纯正、种源清楚。

4. 标签和使用说明

《种子法》规定：销售的种子应当符合国家或者行业标准，附有标签和使用说明。标签和使用说明标注的内容应当与销售的种子相符。标签应当标注种子类别、品种名称、品种审定或者登记编号、品种适宜种植区域及季节、生产经营者及注册地、质量指标、检疫证明编号、种子生产经营许可证编号和信息代码，以及国务院农业、林业主管部门规定的其他事项。参照 LY/T 2290—2018《林木种苗标签》。

5. 苗木分级和产地检疫

油茶合格苗木共分为 I、II 两级。分级时，首先看根系指标，以根系所达到的级别确定苗木级别，如根系达 I 级苗要求，苗木可分 I 级和 II 级，如根系只达 II 级苗的要求，该苗最高也只为 II 级，在根系达到要求后按地径和苗高指标分级，在地径、苗高不属同一等级时，以地径所属级别为准，如根系达不到要求则为不合格苗。苗木分级应在庇阴背风处进行，分级后要做好等级标志。详见表 3-4：油茶合格苗木等级规格指标表。产地检疫，参照 LY/T 2348—2014《油茶苗木产地检疫规程》。

6. 档案管理

加强种苗生产及供应的档案管理，建立健全油茶种苗生产经营管理档案，明确记载油茶品种、种苗（穗条）来源、流向、嫁接总量与成活数量等相关情况，确保油茶种苗质量问题有源可溯。做到生产过程记录清楚，各类资料收集齐全，材料装订分门别类，查找阅览方便快捷。要建立完善电子档案。

四、油茶生产经营档案应当保存如下资料

①生产经营记录。生产记录，包括油茶苗木的整地、穗条采集、种子储藏、播种（催芽、嫁接等）、间苗、定苗、移植、施肥、灌溉、中耕除草、病虫害防治等。经营记录，包括种子出入库记录表、树种（品种）、数量、销售去向、销售日期等。

表 3-4　油茶合格苗木等级规格指标表

苗木类型	苗龄	苗木等级														
		I 级苗					II 级苗						I、II级苗百分比	综合指标
		苗高 cm ≥	地径 cm ≥	根系			苗高 cm ≥	地径 cm ≥	根系					
				侧根数量 条 ≥	侧根长度 cm ≥	主、侧根分布			侧根数量 条 ≥	侧根长度 cm ≥	主、侧根分布			
嫁接苗	0.2~1.8	40	0.40	5	15	主根发达，侧根均匀，舒展	25	0.30	4	10	主根明显，侧根均匀分布	80%	无检疫对象，色泽正常，不少于6个生长点，生长健壮，无机械损伤
容器苗	0.2~0.5 –0.3；0.2~0.8	15	0.25	—	—	根球完整，侧根发达，均匀，不结团	10	0.20	—	—	根球完整，侧根发达，均匀，不结团	80%	无检疫对象，色泽正常，不少于3个生长点，顶芽饱满，无机械损伤，容器完好

②证明油茶种子来源、产地、销售去向的合同、票据、账簿、标签等。

③自检原始记录、种子质量检验证书、检疫证明等。

④林木种子生产经营许可证。

⑤与油茶生产经营活动相关的技术标准。

⑥其他需要保存的文件资料等。

应当保存油茶良种证明材料。

生产经营植物新品种的，还应当保存品种权人的书面同意证明或者国家林业局品种权转让公告、强制许可决定。

实行油茶选育生产经营相结合的企业，还应当保存油茶品种选育的选育报告、实验数据、林木品种特征标准图谱（如叶、茎、根、花、果实、种子等的照片）及试验林照片等。

五、实行油茶苗木生产责任追究制度

油茶苗木生产单位及单位法人对生产的苗木质量终身负责。对生产销售不合格油茶种苗的生产单位，由市林业局予以通报批评并限期整改，拒不整改或整改不力的，一律取消该单位作为油茶种苗生产经营单位的资格。对使用不合格油茶种苗造林的单位或个人，不得纳入国家工程造林项目，不得享受造林补助政策。对弄虚作假，生产销售假冒伪劣油茶种苗，不如实填写林木种子生产、经营档案，不按规定附有质量检验证和标签的种苗生产经营者，由各级林木种苗主管部门依照有关法律法规进行查处。构成犯罪的，依法追究刑事责任。

第四章　油茶芽苗砧嫁接容器育苗技术

　　油茶常见的育苗方式跟其他的多数经济林育苗方式相似，主要有 3 种。一是实生繁育。优点是繁育方法简单，苗木根系发达，主根优势明显，树体抗逆性强，树木寿命长。缺点是优良品种的遗传特性易发生变异，丰产难以保证。2008 年以前，信阳油茶造林以种子直播造林为主，即使采用苗木造林的，也是实生苗，目前生产上已不采用。但种质资源保存或杂交选育时，对一些优良家系和优良杂交组合的实生子代，有时也采用种子培育实生苗木造林的方式。二是扦插繁育。优点是繁育方法工序少，成本低，品种纯度高。缺点是繁育速度比嫁接慢，主根不明显、根系不发达，目前被限制使用。三是嫁接繁育。优点是繁育生长速度快于其他无性繁育方式，根系较为发达，树体抗逆性表现较好，栽植成活率较高。缺点是需要一定技术基础，繁育程序比前两种繁育方式较复杂，成本较高。但随着良种选育研究工作的不断提高和无性系的广泛应用，很多无性繁殖方式也在油茶生产中得到了改进和推广，特别是芽苗砧嫁接育苗技术在油茶育苗生产中达到 95% 以上。

　　中国林业科学研究院亚林所于 20 世纪 70 年代研究成功的"油茶芽苗砧嫁接"方法，采用油茶大粒种子经过沙藏促芽处理、待种子发芽但尚未展叶前的幼芽作砧木，以当年生优树和优良无性系枝条作接穗的一种劈接法。经在湖南、江西和广西等油茶产区广泛应用和不断完善，成为目前油茶无性系小苗规模化繁育嫁接的较好方法之一。近年来，随着信阳油茶产业高速发展，油茶育苗单位发展较快，育苗技术也逐步成熟，油茶芽苗砧嫁接育苗技术在信阳应用率基本达到100%。本章就油茶芽苗砧嫁接容器育苗技术作主要介绍。

第一节　圃地与基质准备

一、圃地选择

圃地以选在地势平坦、排灌容易、交通条件方便的地方为最宜。

二、整地作床

圃地在育苗前必须进行整地，清除杂草、树根、石块等杂物，平整土地，达到地平土碎。圃地平整后作床，一般苗床高为 5~10cm、床宽 1m 左右，床长依地形而定，一般不超过 15m，步道宽 35~40cm。

三、搭建遮阳网棚

圃地须搭建遮光度 75% 的遮阳网棚，棚高 1.8m，捆扎牢实，四周用遮阳网围好。也可建设温控大棚。

四、容器选择

容器规格根据育苗期限、苗木规格、运输条件等具体情况进行选择。在保证苗木质量和造林成效的前提下，尽量采用小规格容器。容器材质主要有不可降解厚度为 0.02～0.06mm 的无毒塑料薄膜和可降解或半降解材料的无纺布。培育一年生的苗木，选用直径为 6.0～8.0cm×8.0～15.0cm 的无毒塑料薄膜容器，或 4.5～5.5cm×8.0～15.0cm 的无纺布网袋容器。培育二年生的苗木，选用直径为 10.0～15.0cm×15.0～20.0cm 的无毒塑料薄膜容器，或 6.0～7.5cm×15.0～20.0cm 的无纺布网袋容器。

五、基质准备

(一)常用轻基质材料

1. 谷壳
稻米外壳，经发酵腐熟或炭化消毒后使用。

2. 树皮
经堆腐或淋洗降解，在加氮、加水处理后，春夏季堆腐 90 天以上，秋冬季堆腐 180 天以上，其间要数次回堆。

3. 木屑
木材加工产生的锯屑或经碎化的脚料。处理方式同树皮。

4. 泥炭
又称草炭、草煤或泥煤，一般是指植物残体在经过不同程度的分解或腐烂所形成的褐色、棕色或黑色的沉积物。做基质的泥炭最好选用杂质少、疏松、通透性好，有机质含量在 50% 以上。

5. 珍珠岩
选择颗粒直径在 0.5～2.5mm，白色、质轻、透气好的珍珠岩，使用前要经过 2 到 3 次淋洗。

6. 蛭石

具有疏松土壤，透气性好，吸水力强，温度变化小等特点，有利于作物的生长，还可减少肥料的投入。

7. 缓释肥

是一种在化肥颗粒表面包上一层很薄的疏水物质制成的包膜化肥。肥效期为 5~6 个月。

(二) 基质配比

一般常用的基质调配有 4 种。第一种是泥炭+木屑（或树皮），配比为 7：3；第二种是泥炭+木屑（或树皮）+炭化谷壳，配比为 1：5：4；第三种是泥炭+珍珠岩+炭化谷壳，配比为 5：3：2；最后一种是泥炭+木屑（或树皮）+炭化谷壳+蛭石，配比为 3：2.5：2.5：2。以上 4 种基质每立方米需加入 2.5~3.5kg 的缓释肥。见表 4-1。

表 4-1　轻基质配比方法

序号	轻基质成分	配比	备注
1	泥炭+木屑（或树皮）	7：3	每立方米基质加入 2.5 ~ 3.5kg 的缓释肥
2	泥炭+木屑（或树皮）+炭化谷壳	1：5：4	
3	泥炭+珍珠岩+炭化谷壳	5：3：2	
4	泥炭+木屑（或树皮）+炭化谷壳+蛭石	3：2.5：2.5：2	

(三) 消毒及调整酸碱度

基质在使用前一定要做好消毒处理，否则会影响苗木的成活率。具体消毒措施见表 4-2。同时基质的 pH 最佳范围在 4.5~6.0，若不在此范围内需进行调整。调高可用生石灰或草木灰，调低可用硫黄粉、硫酸亚铁或硫酸铝。

表4-2 基质消毒方法

序号	药剂名称	使用方法	用途
1	硫酸亚铁(3%工业用)	每立方米基质用硫酸亚铁25kg,翻拌均匀后装入容器,在圃地用塑料薄膜覆盖7~10天	灭菌
2	代森锌	每立方米基质用10~12g代森锌搅拌均匀即可	灭菌
3	辛硫磷(50%)	每立方米基质用10~15g 50%乳油辛硫酸拌匀即可	杀虫
4	必速灭颗粒剂	每立方米基质用60g必速灭颗粒剂拌匀,用塑料薄膜覆盖10天	杀虫、灭菌

六、基质填装

轻基质准备完成后即可填装,可机器装填,也可人工装填。机器填装需购买基质灌装成型机,机械化操作,效率高。人工装填时先将轻基质湿润,以手捏成团、摊开即散为宜。不管是机器填装还是人工填装,都应填装饱满。

七、容器摆放

将填装好的容器袋整齐排放在苗床上,容器口应平整一致,四周封上土(与容器持平),浇1次透水,覆盖上膜。嫁接苗栽植前,在容器上施用比例为15 ~20kg/667m^{2}硫酸亚铁和喷洒800倍高锰酸钾溶液,然后盖膜消毒24小时。

第二节 芽苗砧培育

一、种子准备

当油茶果充分成熟后,果皮裂口达10%后采集,采回的油茶果需堆放一个星期左右，在除去果皮，选取无霉烂、虫害的成熟人粒饱满油茶种子(种子要达到每千克种子颗粒数量在 400～500 粒，且种子发芽率在 80% 以上)，放在阴凉处稍微风干，最后用清洁的干河沙与种子在室内分层储藏(沙子与种子体积之比为 1.5：1)。在种子催芽前，要采用浓度 0.5% 高锰酸钾溶液浸种 2～6 小时，或用浓度 1% 高锰酸钾溶液浸种半小时后，倒去药液密封 1 个小时，再用清水漂洗干净，摊开阴干。

二、催芽床设置

当年的 12 月或翌年 1 月，选择排水良好、地势平坦的干净地面设置砌砖催芽沙床(宽 110～120cm，高 25～30cm，长 5～10m)。在床底先垫上一层 15cm 清洁湿河沙，将种子均匀撒在沙子上，种子不能重叠，再盖上 10cm 厚的清洁河沙，并轻轻压实，压实后要适当浇水，湿度在 55% 左右，盖上薄膜保温保湿。

三、种子催芽

次年 2 月下旬至 3 月上旬，提高沙藏床中的种子湿度和温度，使种子发芽。4 月中旬揭去薄膜，保持沙床湿润。如果胚芽萌发露出沙面，立即加盖河沙，延长胚芽增粗生长时间。若种子萌发过慢，可隔 2～3 天洒 1 次温水催芽，也可通过覆盖薄膜，增加光照提高苗床温度；生长过快则加盖遮阳网，调节温度，使芽苗砧生长与嫁接时间相吻合。当芽苗砧的胚轴长到 5cm 以上，并在适宜嫁接期内起砧嫁接。

第三节　芽苗砧嫁接

一、嫁接工具与材料

嫁接刀（单面刀片）、铝片（厚度 0.1mm，长 2.0～2.5cm、宽 0.8～1.0cm）、枝剪、塑料盆、嫁接台面、塑料桶、洒水壶、竹筐、竹签、湿毛巾、消毒剂、品种标签等用具。嫁接前用 75%酒精将刀片、竹签等用具消毒。

二、穗条准备

必须采用通过审（认）定的优良品种，在树冠中上部采取当年生的生长健壮、芽眼饱满、叶色正常、无病虫害的半木质化春梢。穗条分品种存放，宜随采随接，要注意保湿，穗条保存时间不应超过 3 天。

三、嫁接时间

一般为 5 月下旬至 6 月上旬。

四、起砧

嫁接前，将芽苗小心取出，清洗干净，并用 0.1%～0.2%的甲基托布津或多菌灵等消毒剂消毒 15 分钟。注意保湿，宜随取随接。

五、削穗

选取有饱满腋芽或顶芽的穗条，在芽两侧的下部 0.5cm 处将接穗两面削成楔形，削面长 1.0～1.2cm，再在芽尖上部枝茎 0.5cm 处切断，制成 1 芽 1 叶的接穗，将削好的接穗放在装有清水的盆内。

六、削砧

在芽苗砧子叶上方 2.0~2.5cm 处切断胚轴，沿胚轴中轴线自上而下纵切 1.0~1.5cm，胚根保留 5cm 左右，切除多余胚根部分。选用切断下来长达 6~7cm 的胚根作为砧木，也可用于嫁接。

七、插穗和包扎

将铝片套在芽砧上，把削好的接穗嵌入削好的芽砧内，使砧穗一侧对齐，捏紧铝片。嫁接后用生根粉液浸泡砧木 1 小时，分品种放阴凉处，避免日光照射，注意保湿，及时栽植。

第四节　栽植与管理

一、嫁接苗栽植

用竹签在容器的基质上插开一个孔，把嫁接苗胚根插入，并适度压紧、压实，不吊根，使土壤与根系紧密结合；栽植深度以嫁接苗的嫁接口刚露在基质外为宜。栽后浇透定根水（加入 0.5% 的托布津杀菌消毒）。分品种栽植，做好标记。

二、盖薄膜保湿

在苗床上用 1.8~2cm 宽的竹片相距 1.5~2m 弓架成拱

棚，在拱棚上覆盖薄膜，四周用土压紧密封。结合苗床喷雾保湿向嫁接苗喷洒 65%代森锌可湿性粉剂 500～700 倍液或50%多菌灵可湿性粉剂 1000 倍液灭菌。栽后 40 天内要保持薄膜密封保湿。

三、除萌与除草

除草与除萌要适时进行。除草做到除早、除小、除了，但不能伤及接穗的芽。揭膜后，开始除芽苗砧上的萌芽，并及时除去杂草和死亡株；以后每隔 20 天除萌、除草 1 次，除萌一直持续到 9 月。及时清除全部嫁接没有成活而形成的实生苗。当幼苗出现花芽时，及时除去。

四、揭膜及揭遮阴网

7月上中旬（抽梢 10%～20%）在雨后或阴天揭开薄膜。高温晴天，采取 17：00 后揭薄膜；第二天 10：00 以前再盖上，反复 3～5 天后，全部揭掉薄膜。揭膜后，对苗木喷施50%多菌灵可湿性粉剂和 10%吡唑醚菌酯 800～1000 倍混合液杀菌。到白露前后，当气温低于30℃时揭掉遮阴网。

五、水肥管理

嫁接苗栽后 40 天内，要用薄膜将棚密闭，棚内相对湿度保持在85%以上，薄膜上出现水珠，达到饱和状况。在除草时，每揭开 1 次薄膜时都要喷 1 次水，喷水量视苗床湿度而定。夏天浇水时间宜在 10：00 前、17：00 后进行。在幼苗期水量应足，促进幼苗生根；到生长后期控制水量，促其茎的生长，使其粗壮。遇高温干旱季节，要增加洒水、降温、保湿；加密荫棚覆盖，减少透光度。遇长期阴雨，应揭开薄膜两头，通风透气，减少荫棚覆盖，加大透光度，及时清沟排水。立冬左右，遇干旱，要浇1次透水。嫁接苗栽植60天后，相隔15天左右施尿素和复合肥1：1混合液2次，浓度0.4%～0.5%；8月中旬至9月中旬，喷施0.2%～0.3%磷酸二氢钾2次。施肥应选择晴天进行为宜。霜冻或寒潮来临前7天喷施1次植物防冻剂。培育二年生苗，第二年仍按上述施肥方式继续追肥。

六、病虫害防治

油茶苗木的主要病虫害有油茶软腐病、油茶根腐病、油茶炭疽病、茶小绿叶蝉。

(一)油茶软腐病防治

发病时，喷1%波尔多液；或喷50%多菌灵可湿性粉剂100～300倍液或退菌特可湿性粉剂800～1000倍液2～3次，每次间隔10～15天。及时清除病株(叶)以及萌芽枝、下垂枝、杂草等。

(二)油茶根腐病防治

发病初期，用1%硫酸铜溶液或30%噁霉灵1000～1200倍液或10mg/L萎锈灵或20%生石灰水浇灌苗根。要及时清除病苗；保持圃地通风；雨季做好排水。

(三)油茶炭疽病防治

发病初期，喷洒50%托布津可湿性粉剂500～800倍液或10%吡唑醚菌酯500倍液；发病高峰期，用50%多菌灵可湿性粉剂500倍液，10天喷1次，连喷4次，或用1%波尔多液加 1%~2% 茶枯水；15 天喷 1 次，连喷 3 次。及时剪除病枝和病叶，清除重病株。

(四)茶小绿叶蝉防治

在幼虫盛孵期喷施 3% 啶虫脒乳油 1000~1500 倍液或 10% 吡虫啉可湿性粉剂 1500 倍液或 25% 噻嗪酮可湿性粉剂 1000~1500 倍液。铲除周边杂草及喜栖息危害的寄主植物。

七、其他管理措施

栽植后，分别在 8 月和 10 月将容器苗移动全部重排一次，截去露出容器下面的主根，促进侧根生长。第二年 6~7 月，苗高达 30cm 时要打顶。

图 4-1　圃地整理

图 4-2 沙藏催苗

图 4-3 起砧

图 4-4 切砧过程

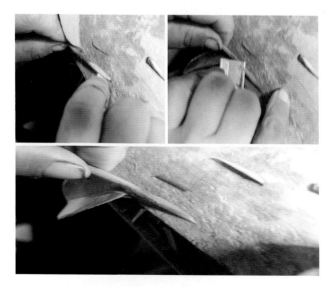

图 4-5 削穗过程

图 4-6　嵌穗包扎

图 4-7　栽植

图 4-8　覆膜保湿

图 4-9　水肥管理

一年生苗 两年生苗

图 4-10 油茶容器苗

第五章　油茶丰产栽培技术

良种、良法是油茶丰产栽培的关键。为了达到早实丰产的目的，油茶丰产栽培必须具备以下条件：立地条件好（选地与整地，外因好）、种苗质量好（良种与配置，内因好）、栽培技术好（栽植与管护，利用和控制好内因、外因）。

第一节　选地与整地

光、热、空气、水分和养料是绿色植物生存所必需的条件，缺少任何一个因子，植物就难以维持生命，所以将这5个因子称作植物生活的基本要素。气候和土壤条件包含了全部5个因子。

油茶的生命力较强，能耐干旱瘠薄，适应范围较广。油茶作为以收获果实为主的经济林树种，为了能丰产稳产、获得较好的经济效益，应选择适宜油茶生长的立地条件。生长在土壤深厚肥沃山地上的油茶，其经济年龄一般在50年以上，甚至可达百年以上；而生长在瘠薄山地上的油茶则会低产早衰。因此，造林一定要选择适宜的立地条件。

一、选地

油茶是常绿树木，对温度和湿度有较高的要求。信阳市地处亚热带向暖温带过渡地带，是油茶分布的北部边缘地区。

信阳市油茶主要分布于新县、商城、光山、固始、罗山、平桥和浉河等地山区和丘陵区。按照生态发展空间和油茶的适生条件，以南部海拔 500m 以下的低山和中部丘陵为主，重点布局新县、光山县、商城县。

(一)海拔高度选择

在山地条件下，温度与海拔高度呈负相关，通常海拔每升高 100m，气温下降 $0.5 \sim 0.7℃$。普通油茶适应性较强，对生态条件适应度较宽，但产量会随着高度的增加而下降。

为了获得高产稳产，油茶基地建设一定要选择适宜的海拔高度。丘陵岗地是发展油茶的最好选择。固始、光山等浅山丘陵海拔宜选择在海拔 350m 以下；商城县及新县，宜选择在海拔 500m 以下，且越低越好。

(二)坡向、坡度和坡位选择

1. 坡向

油茶是强阳性树种，如光照不足，对产量影响很大，故必须选择阳光充足的阳坡或半阳坡，特别是地形复杂的山区，尤其要注意林地坡向的选择，坡向宜选南向，东向或东南向。

2. 坡度

油茶宜选择在 25° 以下的缓坡造林。坡度太大易造成水土流失，同时管理难度大，生产成本高，很难获得效益。大面积造林地应有 5°左右的坡度，地下水位在 1m 以下，过于平坦容易积水，从而导致油茶根系腐烂。

3. 坡位

坡位分上坡、中坡和下坡。在山区，生长在山坡中下部的油茶无论长势、产量等均高于山坡上部，因此，造林地应选择下坡或中坡。在海拔较低的丘岗地，有时上坡产量更高。

高山、长陡坡、阴坡及积水的低洼地，不适合发展油茶，应尽量避免选用。

(三)土壤选择

土壤类型：山地黄棕壤、沙壤土、轻黏壤土均可造林。土壤沙性过大或黏性过大，均不适宜种植油茶，前者保水、保肥能力差，后者透气透水性差，不利于根系生长。

土层厚度：50cm 以上，少于 50cm 的土层不宜作造林地。

土壤酸碱度：以酸性(pH4.5~6.5)的黄棕壤、黄褐土为好；中性或碱性土壤不宜种植油茶。

油茶最适宜生长在疏松、湿润、透气性好、保水性强、深厚肥沃、含有少量石砾的砂质壤土中。

二、整地

整地是油茶造林的重要环节。通过深翻土壤，可加深松土层厚度，改良林地土壤结构，提高土壤蓄水能力和通气状况；改善微生物活动条件，提高土壤肥力，为油茶根系生长发育创造良好的条件。山地整地应与水土保持相结合，对坡度较大的地段应进行水平梯带整地。

(一)整地时间

整地与造林两道工序同时进行，称为随整随造。随整随造对改善立地条件的效果较差，而且很容易耽误造林时机，但对立地条件较好的造林地，仍可采用。整地先于造林一个季节进行或提前更多的时间，称为提前整地。提前整地可以使造林地土壤水分状况得到调节，加快植物残体分解，有利于土壤充分风化。目前有秋季整地，冬季造林；冬季整地，春季造林；夏伏整地，10月"小阳春"造林的习惯，效果很好。

(二)整地方式

油茶整地有以下3种方式：

1. 全垦整地

全垦整地指的是对造林地的土壤进行全部翻垦的整地方法。整地深度在30~40cm。适用于平原地区和坡度小于5°的山地(依据土质不同可适当改变，一般植被稀少、土质疏松的限定在8°以下；花岗岩类土质限定在15°以下；植被丰富的泥质土类可适当放宽；为了减少水土流失，我国将全垦限定在15°以下。全垦整地方式的主要优点：能显著改善立地条件，较彻底清除灌木、杂草、竹类；便于实行机械化作业和林粮间作；苗木容易成活，幼林生长良好。主要缺点：造成植物多样性的破坏；用工多，投资大，易导致水肥流失，在操作上受地形条件(如坡度)、山地环境状况(如石、伐根等)和经济条件的限制较大，全垦整地一般不提倡。

图 5-1　整地

2. 带状整地

带状整地是指呈长条状翻垦造林地土壤，并在被翻垦的部分之间保留一定宽度原有植被的整地方法。适用于造林地坡度在 15°～25°的山场。该方法整地虽然用工多，却是一种一劳永逸的方法，该类整地方式保水、保土、保肥的效果好，便于机械化耕作，也可进行短期间作。

山地在进行带状整地时，带的方向可沿等高线保持水平（环山水平带）。带宽一般为 2～3m；带长应在条件允许的情况下适当长些，但过长不易保持水平，反而可能导致水流汇集，引起冲刷；整地深度为 25～30cm。

具体整地方法：先自上而下顺坡拉一条直线，而后按行距定点；在各点沿水平方向环山定出等高点后进行带状开垦，垦带采取由下向上挖筑小平阶梯。遵循"上挖下填、削高填低、大弯顺势、小弯取直"的原则，筑成内侧低、外缘高的水平阶梯，俗称反坡梯地。坡面3°~5°，阶梯内侧每隔8~10m挖一条长1~1.5m、深和宽各40cm左右的竹节沟，以利蓄水防旱和防止水土流失。水平阶梯整地应在土层较厚的山坡上进行。修建水平梯地时可先将表土堆于上坡，或在分小段修建时将表土堆于两侧，待一段建成后，在梯带的中部开沟或挖穴，再将表土运回填入穴中。应避免将表土堆于下坡，以及将苗木栽于无肥力的心土中。

3. 块状整地

块状整地指的是呈块状翻垦造林地土壤的整地方法。块状整地灵活性大，可以因地制宜，应用于各种条件的造林地，且整地比较省工、成本较低，引起水土流失的可能性也较小。但此法因整地范围小，改善林地条件的作用不如全垦和带状整地效果好。因此，可用于坡度较陡、坡面破碎的山地、平原，以及村前屋后、道路两旁等造林地。

山地块状整地有穴状、块状、鱼鳞坑状等方法。平原块状整地有坑状（凹穴状）、块状、高台状等方法。其基本方法是先拉线定点，然后按规格挖穴，表土和心土分别堆放，先以表土填穴，最后以心土覆在穴面。

在坡度较大（25°以上）、地形破碎、土层瘠薄的山地，发展油茶可采用鱼鳞坑整地方式。鱼鳞坑整地可灵活应用地形地势，将造林地整成近似半圆形的坑穴。坑面低于原坡面，保持水平或向内倾斜凹入；长径及短径随坑的规格大小而不同，一般长径0.7~1.5m、短径0.6~1.0m、深30~50cm；外侧有土埂，半环状，高20~25cm；有时坑内有小蓄水沟与坑两角的引水沟相通。

三、挖大穴深施肥

在冬季或植树前一个月左右开始挖穴、施肥。挖穴规格依据实际情况而定，一般施基肥的树穴要求达到 60cm×60×60cm。挖穴时，将表土和心土分别堆放，将表土回挖穴后，每穴施腐熟的农家肥 5~10kg（鸡粪等）或饼肥（或专用有机肥）1~2kg。

挖穴施肥的具体工艺流程：按规格挖好穴→将肥料施于穴底→覆肥沃的表土并与肥料充分混匀→回填表土至 2/3 深度为止。穴口留出空间使雨水可以流入，以加快有机肥腐烂分解。

提前挖穴施肥不仅可以促进土壤和肥料的充分熟化，减少病虫来源，还能在一定程度上降低栽植时的工作量，缓解 3 月植树季节人力不足的困境。

实践表明：提前挖穴、挖大穴，早施、深施基肥是油茶早实丰产的关键措施。

第二节　品种配置

发展油茶"成在种苗，败也在种苗"，已经成为所有油茶种植者的共识。油茶是异花授粉植物，同一品种间自花授粉存在败育现象，座果率很低。因此，为了提高授粉率和产量，油茶种植应选择好主栽品种和配栽品种。品种配置是油茶丰产栽培的关键。

一、品种配置

(一)主栽品种

主栽品种是指经国家或省级林木品种审定委员会审(认)定或备案的,在新造林中用作主要造林群体、比例较大、数量较多的品种。

(二)配栽品种

与主栽品种亲和性高,花粉质量高、数量大,并具有较好丰产性能的品种。

(三)品种配置原则

品种配置是指对主栽品种、配置品种进行选择,并按合理比例和方法进行种植。品种配置应遵循以下原则:花期相遇原则,主栽品种与配置品种的盛花期一致;高亲和性原则,主栽品种与配置品种之间可相互授粉,并能正常受精和坐果结实;品种数量宜少原则;主栽品种与配置品种的总数量不宜超过4个,且所有品种均能完成正常的授粉受精和坐果结实,最好选择2个品种进行配置,其次是3个品种,再次是4个品种。

二、信阳市油茶种植配置组合推荐

信阳是油茶分布的北部边缘区,油茶盛花期常遇低温,影响授粉,为实现丰产稳定,通常主栽品种选择2个或2个以上盛花期相近的当地适生良种,实现相互授粉的目的,授粉品种选择与主栽品种盛花期基本一致的2个或2个以上当地适生经济性状较好的品种，以增强授粉率。

目前，经河南省林木品种审定委员会审（认）定或备案的河南省油茶主推品种有 10 个，其中豫油茶系列 2 个，长林系列 8 个。豫油茶 1 号、豫油茶 2 号为河南省林业科学研究从信阳自然分布的油茶优良单株筛选而来，抗寒性抗病虫害能力较强，树势生长旺盛，丰产稳产性好，适合各种植区发展。长林系列的 8 个品种上，从各种植区表现来看，长林 4 号、长林 53 号整体表现较优，可以作为主栽品种，其他可作为授粉品种适当配置。

（一）配置组合推荐

推荐 1：主栽品种：豫油茶 1 号、豫油茶 2 号；配置品种：豫油茶 4 号。

图 5-2　豫油茶 1 号

图 5-3　豫油茶 2 号

豫油茶 1 号和豫油茶 2 号花期均为 10 月中旬，盛花期相近，可相互授粉，为提高授粉率，配置豫油茶 4 号作增强授粉树。豫油茶 1 号、豫油茶 2 号花期较早，与长林系列在信阳推广的品种，盛花期不相遇，不宜作授粉品种。

配置比例：主栽品种占比 80%，主栽品种数量等分；配置品种占比20%。

推荐2：主栽品种：长林4号、长林53号；配置品种：长林3号、长林40号。

图5-4　长林4号　　　　　　图5-5　长林53号

图5-6　长林3号

长林 4 号、长林 53 号花期为 11 月上旬，花期约 20 天，能相互授粉。长林 3 号花期与长林 4 号相近，为 11 月上旬；长林 40 号花期为 10 月下旬，花期约 30 天。4 个品种均能相互授粉，坐果，两个授粉品种长林 3 号、长林 40 在信阳表现亦较好。

配置比例：主栽品种占比 80%，主栽品种数量等分；配置品种占比 20%，数量等。该组合在信阳整体表现较优，在配比上甚至可调整为 1：1：1：1。

(二)配置方法

为方便果实采收，目前种植上多采用行状配置、带状配置或块状配置。行状配置，即主栽品种和配置品种按行进行配置，一行种植一个品种；带状配置，即主栽品种和配置品种按带进行配置，每带栽植一个品种，包含 2～4 行；块状配置，即主栽品种和配置品种根据地块形状进行配置，一个地块栽植一个品种，但一个地块一般宜超过 3 亩。为提高授粉率，建议以行状配置为主。

三、苗木质量标准

1. 类型

优良无性系芽苗砧嫁接容器苗。

2. 苗龄

2 年生以上。

3. 质量

达到 I 、II 苗木标准：①根系，根系发达须根多。②苗高，容器苗的苗高为 25cm 以上。③地径，苗高 25cm 时，地径粗达到 0.3cm 以上；苗高 35cm 以上时，地径粗达到 0.4cm 以上，高/径的比值小于100。④整体，长势旺盛，无病虫害。

第三节　栽植与管护

一、栽植技术

(一)栽植时间

1. 造林季节选择

容器苗造林对时间要求不严，可大大延长造林时间，但仍以温度适中、雨水较多的春季或秋冬季为好。信阳在12月至翌年1月，温度较低，不建议造林。因苗木栽植后在根系无法恢复生长的情况下，地上部分因带叶水分仍在蒸发，易发生失水枯萎现象，影响造林成活率和初期生长。

2. 造林天气选择

油茶栽植前关注天气预报，若栽后 2~3 天内下雨更佳。温度较高、风力较大时应避免起苗造林。

(二)苗木包装和存放

容器苗造林虽然不会像裸根苗那样很容易失水枯萎，但由于容器袋比较小，如果存放时间较长、气候较干燥，也存在苗木失水问题，从而影响栽植成活率。

容器苗，在起苗之后至栽植之前的整个过程中，一定要有专人负责，有周密的安排，做好时间对接，尽可能缩短苗木离开土壤的时间和避开易失水的环境（如温度较高、光照较强、风力较大等），以使得苗木处于新鲜的状态。

（三）栽植密度

1. 造林初始密度

前期，信阳市各县（区）在油茶生产上主要采用的栽植密度为 111 株/667m^3（即 2m×3m），但数年后该密度的林分已显过密。因此，在立地条件好的地区，每亩栽植 66 株（2.5m×4m）、65 株（3m×3.5m）或 56 株（3m×4m）可能更为合适。栽植密度一般遵循的规则是水热条件好的地区栽稀，水热条件差的地区栽密；肥地栽稀，瘦地栽密；山脚栽稀，山顶栽密；缓坡栽稀，陡坡栽密；间作栽稀，不间作栽密。

2. 定植点排列

定植点的排列配置应以植株间相互不影响、减少株间竞争为依据。一般缓坡以梅花形或三角形排列为宜；山坡地采用株距小、行距大的梯带形排列方式，以利于光能的利用。

（四）栽植深度

嫁接苗一定要将嫁接口埋入土内，深离地面 5cm 左右，可提高造林成活率和后期生长。

平坡大穴在回土时，穴位要用土堆成馒头形，防止栽植后穴土在雨季沉陷积水，造成水渍死亡。近几年，因栽植过深而导致苗木渍水死亡的现象屡有发生。

栽植深度应根据地形地势和土壤质地而定，一般原则是位置高、排水良好、沙性强的土壤可以适当深栽；地势平坦、黏性土应该浅栽高培土；栽植穴土壤松软，应考虑到土壤下沉因素，适当浅栽。

（五）栽植步骤

容器苗栽植前应该将容器浸湿，栽植时回填土应从容器四周向下轻轻压实，不能对容器袋过于挤压，否则会造成袋内的根系与基质分离，反而降低栽植成活率。栽植时，根系周围最好用细松土覆盖。

栽植步骤：挖大穴（60cm×60cm×60cm）→施有机肥（充分腐熟）→加表土（多于基肥量）→有机肥与表土充分混匀（15～20cm）→＞回填表土（10～15cm）→用细表土栽植苗木（大约20cm）→苗木根际周围覆盖$1m^3$薄膜→用心土覆盖（超出地面5～8cm），堆成馒头状或鸡窝状。

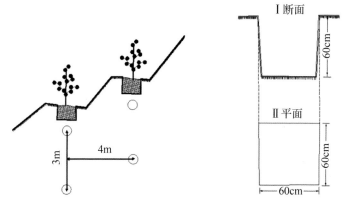

图 5-7　栽植穴配置方式示意图　　图 5-8　栽植穴平面、立面设计图

（六）水分管理

苗木栽植后，保水、排水是油茶造林成活的关键。无论是平地、坡地或坡度较陡的山地，油茶园一定要做好排水系

统和保水措施，具体措施如下：

1. 雨季清沟排水

油茶特别怕水涝、土壤积水(渍水)，地势低洼或土壤地块一定要做到深沟排水，畦面保持中间略高、两边略低的坡形。

2. 旱季及时浇水

定植后，有条件或需要时应浇透定根水；干旱季节需及时浇水。

3. 保水(排水)措施

(1)根际培土：将定植点堆成鸡窝状(土堆中间略低)，抬高栽植点地势，做到小雨能留住、大雨能排走。

(2)薄膜(防草布)覆盖：用塑料薄膜(或防草布)对苗木周围的土壤进行地面覆盖，面积一般在 0.8~1m²，随后薄膜上覆盖心土 5~8cm。注意，薄膜覆盖后一定要覆土 5cm 以上，否则在夏季易破损，从而不能发挥除草、保水作用。

图 5-9 薄膜覆盖

（3）秸草覆盖：苗木根际周围覆稻草、稻壳或杂草等有机物，面积 $0.5\sim1m^2$，厚度依据覆盖的材料而定，一般 $8\sim10cm$，并用土块将草堆压，以防被风吹走。

苗木根际覆草或铺盖塑料薄膜（防草布）不仅能保持土壤水分，减少浇水和淋雨导致的土壤板结，而且能防止苗木周围杂草丛生，减少除草费用，一举多得。

（七）缺苗补植

栽植后 $1\sim2$ 年内及时查苗补苗，发现缺株后应在适宜种植季节用大苗进行补植，以保全苗。

二、管护技术

（一）抚育管理

造林后，一般每年抚育 $1\sim2$ 次，且严禁使用除草剂，严禁全垦除草。第一次抚育在 $5\sim6$ 月，抚育时在油茶四周 $20\ cm$ 以内只能破碎表土，给树基培蔸。第二次抚育一般在 $8\sim9$ 月进行，及时除草可减少当年杂草与油茶苗争肥、争阳光，又可清除杂草种子。冬季结合施肥进行垦复。

（二）施肥

从第 2 年起，3 月新梢萌动前半月左右施入速效氮肥，每株 $50\sim100g$；11 月上旬则以土杂肥或粪肥作为越冬肥，每株 $5\sim10kg$。随着树体的增长，每年的施肥量逐年递增。

(三)整形修剪

油茶幼林早期以整形为主，定干高度以 60~80cm 为宜，第一年在 20~30cm 处选留 3~4 个生长强壮，方位合理的侧枝培养为主枝；第二年再在每个主枝上保留 2~3 个强壮分枝作为副主枝；第 3~4 年，在继续培养正副主枝的基础上，将其上的强壮春梢培养为侧枝群，并使三者之间比例合理，均匀分布。修剪时间以 11~12 月为宜。

油茶挂果数年后，应及时进行回缩修剪或从基部全部剪去，在旁边再另外选择强壮枝进行培养。对于过分郁闭的树型，应剪除少量枝径 2~4cm 的直立大枝，开好"天窗"，提高结果能力。

(四)诱虫植物及花草的栽种

油茶为虫媒植物，油茶林四周栽植一些和油茶花期相近的草本、灌木及花木，如野菊(9~11 月)，可以提高座果率。

(五)授粉昆虫的培育

1. 培育土蜂

油茶是异花虫媒授粉树种，坐果率的高低与授粉的多寡呈正相关。在油茶林中，授粉昆虫有多 40 多种，其中授粉效果最好的是土生野蜜蜂，如油茶地蜂(*Andrena camellia* Wu)、大分舌蜂等。培育土蜂的具体措施有：①招引土蜂筑巢。在没有土蜂或土蜂很少的油茶林，可通过垦复、筑梯田，挖竹节沟、埂上挖马蹄坑等招引土蜂筑巢。②保护土蜂。土蜂在 10~11 月下旬羽化出土，此时不要在油茶林内喷洒农药。

2. 人工放蜂

人工饲养的蜜蜂也有传粉作用，但由于油茶花蜜浓度大、皂素多，蜜蜂群采蜜后易发腹胀、腹泻等，以及雄蜂增加、削弱蜂群等现象，使放蜂受到影响。因此，只有给蜂群喂食人工配制的解毒药，才能放养采蜜。为此，中国林业科学研究院林业研究所研究筛选出"毒灵"1 号、2 号和 6 号等多种高效廉价解毒药，并在此基上研制出"油茶蜂乐"等蜂王产卵刺激剂，还筛选出适合油茶林的蜂种，如中国黑蜂、高加索蜂和高意杂交蜂等。只要采取系统技术措施，不仅油茶能增产 35% 以上，而且每亩每年可产蜂蜜 8~15kg。

第四节　油茶采收

油茶果收摘的季节性很强，一般从充分成熟到茶果开裂只有 10 多天时间，必须抓紧这一时期收摘。收摘过早，茶籽未充分成熟，水分多、油分少，出油率不高；收摘迟了，茶果开裂，茶籽散失，造成浪费。所以掌握油茶果各个品种(类型)的成熟期，根据当地的气候，适时收摘是十分重要的。不同时期收摘的油茶果实，其含油率有很大的差别。

不同的品种，其成熟期是不同的。信阳种植的油茶，通常为秋分籽、寒露籽或霜降籽。一般应当在相应节气的前 3 天到后 7 天的这 10 天内采摘油茶果最为适宜。采摘除掌握节气外，水、肥、光照也会影响成熟期，要注意观察油茶果，

图 5-10　油茶采收

果色泽变亮，红皮果变为红中带黄，青皮果变成青中带白，果皮上茸毛脱尽，茶果微裂，容易剥开，籽黑褐发亮，种仁白中带黄，呈现油亮，便已充分成熟。此外，还应十分注意收获季节的气候、雨量等自然条件的变化，合理安排，适时收摘。

第六章　油茶低产林改造

低产林与高产林是相比较而言的，根据中心产区油茶丰产林产量和信阳市为油茶北部产区的实际，一般把每亩年产油在 10kg 以下的油茶林分，划分为低产林。截至 2020 年，全市现有油茶面积 98.29 万亩，其中低产林面积高达 38.95 万亩，占比 39.6%。传统意义上的低产林通常指采用种子或实生苗造林、经营管理粗放、产量低下的林分，20 世纪营造的油茶林几乎均为低产林，为"老低产林"。2009 年以来所营造的油茶林，虽然均为无性系，但早期缺少区域试验；有的在引进地虽是良种，引到信阳后，表现不优，成为新的低产林；有的虽是良种，但经营管理不善，也处于低产低效状态，统为"新低产林"。"老低产林"和"新低产林"虽同为低产林，但形成原因不同，加上树龄不同，在改造时有相似的改造技术，但略又不同。

第一节　老低产林改造

2008 年以前，信阳市油茶由于缺少良种支撑和快繁技术，油茶林基本上是直播造林和自然更新形成，这一时期的油茶林品种类型多，良莠不齐，几乎都是低产林，这部分老低产林面积 28.83 万亩，平均亩产茶油仅 5kg 左右。

一、低产原因

（一）品种混杂

优良品种（类型）是油茶优质丰产的基础。信阳市油茶在恢复发展阶段，油茶良种选育滞后，在造林时，大多采用种子实生繁殖，而油茶是异花授粉树种，遗传变异大，形成的林分品种类型多，品种类型良莠不齐，丰产稳产性差。据调查，老油茶林挂果性较好、产量较高的品种在林分中仅为 10%～15%，导致整体产量低下。

（二）立地条件不适

油茶适应性强，很多立地条件均能生长，因此 20 世纪群众发展油茶时，很多只考虑成活，没有考虑丰产，造成现在老油茶林的林地复杂多样，如海拔过高、水土流失严重、土层浅薄、阴坡（北坡、东北坡和西北坡）或山洼光照不足等，导致植株生长衰弱、林相混乱、病虫害滋生，产量低下。

（三）病虫害严重

不同油茶品种类型抗性差异大，一些老油茶林品种类型抗病虫害能力差，不少是易感病植株，容易感染炭疽病和软腐病等。

（四）管理粗放

信阳油茶在恢复发展阶段，由于人们对油茶的认识不足，把油茶当作"露水财"，没有把油茶作为产业来看待，管理粗放，甚至"人种天养"，并且伴随外出打工人员的增多，茶农降低了对油茶林的管理力度，以至于林地严重荒芜，油茶多处于半野生状态，许多乔木树种迁移侵入，形成上层林冠，藤本植物、灌木、杂草丛生。这些混生乔木、杂灌、藤本、杂草等与油茶不但争夺水、肥等营养物质和地下空间，而且争夺地上空间，影响油茶通风透光条件，严重影响了油茶的生长发育，导致产量下降。据调查，在油茶林荒芜的林分，林地水肥养分的 90% 被乔灌杂草的根系吸收利用。因此，林农说："一年不垦草成行，两年不垦减产量，三年不垦叶片黄，四年不垦茶山荒。"一些老油茶林因多年无人经营，长期落籽成林使单位面积油茶植株越来越多。且随着树龄增长使得树体越来越大，导致林分不透风，几乎不挂果，也极易发生病虫害。即使少量挂果，也很难采收。

由于管理粗放，有些油茶林树龄过大，养分不足，造成早衰，生理机能减弱，自然更新能力差，代谢水平降低，大枝枯死，导致大量落花落果或花而不实现象，产量低下。虽然也有些茶农对油茶进行了抚育管理，但管理不当，每年只进行全面除草，不施肥，这种顺坡耕作的方式造成雨水直接冲刷地表，水土严重流失，导致肥力不足，地力减退，树势衰弱，影响产量。

（五）树势衰老

20 世纪 60~70 年代发展的油茶林，日前其个体发育进入衰老阶段，生理机能渐弱，根部的吸收能力、叶片的光合能力减弱，没有充足的养分供给生长发育的需要，主要表现为：新梢生长量减少，花芽分化很少，枯死枝日趋增多，冠幅逐年缩小，主干和主枝上附生着苔藓、地衣和桑寄生，病虫害增多，落花落果严重。加上管理粗放，加速了这类油茶林的衰老，这类老残油茶低产林，即使加强管理其产量也难以提高或提高幅度不大。

二、改造措施

老油茶林低产是多方面因素形成的，在改造前首先要找出低产的主要原因，有针对性地采取改造措施，才能获得预期效果。油茶低产林改造应突出成因诊断，进行林分调查，因类施策，品种原因可采取高接换冠或逐步更新，管理原因可采取抚育措施，老油茶林大多需要采取综合措施。一般老低产林改造遵从以下步骤：首先清除杂灌等，然后进行林分调查，制定改造措施。综合改造措施包括密度调整、高接换冠或逐步更新、截干更新、抚育管理等。

（一）密度调整

密度调整要在充分调查的基础上进行，注意保存表现较好的品种类型，清除品种类型差或病株、老残株。林分过密会影响林内通风透光，不利冠形培养，个体养分不足，有时还会发生病虫害。对过密林进行疏伐，控制合理密度，能够提高个体产量和单位面积产量。依据不同的立地条件，保持油茶成林密度在 60~80 株/667m^2、郁闭度在 0.7 左右为宜。由于老油茶林大多仍生长旺盛，正在结果期，部分群众认为间伐油茶会减少油茶产量，这是一种错误的思想。其实在密度调整实施过程中，科学操作，对过密的油茶林，先在果实采摘前，将过密、不结果、老残的植株做上记号，待冬末春初进行间伐，疏密后可增加产量。表 6-1 是信阳市林业科学研究所密林疏伐对油茶产量影响的试验数据，可以看出密林疏伐对油茶产量有明显的影响。

表 6-1　密林疏伐对油茶产量的影响　　单位：kg/667m^2

密度(株/亩)	重复 I	重复 II	重复 III	平均
疏伐前(230~330)	7.5	7.3	6.7	7.2
当年(90~110)	7.9	8.1	7.8	8.0
第二年(90~110)	18.5	18.3	18.6	18.5

进行密林疏伐后当年产量与疏伐前有所增加，但增产并不明显，密林疏伐后与疏伐前相差不大。因为疏伐改善了林地内通风透光条件，树体有更多的光合作用，有利于结果，提高产量，但疏伐除去了较多的结果枝。疏伐第二年油茶产量较疏伐前有较大增长，增产达 200% 以上，说明油茶密林疏伐对油茶产量有较大影响。

过密林分主要伐除老残株和劣质株，杂灌木清理和老弱病株伐除后，缺株或稀疏(林间空地大于 4m×4m)，可采用适合本地的良种大苗补植。

(二)高接换冠

对于立地条件相对较好，林相整齐，树龄 40 年以下，面积不大，较差品种占比不高的老低产林可以实施高接换冠。高接换冠是品种改良的措施之一，是利用原有油茶树的枝干，采用大树嫁接的方法，嫁接高产、优质、高效的优良无性系或品种，改良油茶树冠，从而提高产量。高接换冠投入较大，要求技术较高，因此一定要严格按照技术要求进行，防止高接换冠失败和成功率低，以免劳民伤财，投入与产出不成正比。改良的品种应为国家审定或河南省认定的且适生信阳市的品种，主要有长林 53 号、长林 40 号、长林 4 号、长林 18 号、豫油茶 1 号、豫油茶 2 号和信阳市林业科学研究所新选育的优良品种申林 1 号、申林 2 号。

1. 嫁接方法

油茶嫁接在信阳的主要方法有拉皮切接法和撕皮嵌接法。这两种嫁接方法都具有操作简便、容易掌握、成活率高，接穗生长快等特点。拉皮切接法是要先断砧后嫁接的方法，撕皮嵌接法是一种先嫁接成活后再断砧的技术。两种方法各有优缺点，拉皮切接法嫁接成功后，接穗生长较快，更容易形成丰产冠形，但嫁接失败后，第二年不容易重新嫁接，对树势影响较大。撕皮嵌接法是嫁接成活后才断砧，因此嫁接当年接穗生长相对较慢，断砧后第二年生长较快，相对拉皮切接法树冠形成晚，但嫁接失败不影响树体的生长和当年果实采收。表6-2是信阳市林业科学研究所采用两种嫁接方法试验当年生和二年生枝条生长情况。

表6-2 两种不同嫁接方法对油茶嫁接生长量的影响

嫁接方法	当年生枝条（cm）	二年生枝条（cm）
撕皮嵌接法	13.9	58.1
拉皮切接法	17.7	66.3

2. 嫁接前准备

（1）砍灌

在嫁接前，应在低改林内进行一次砍灌除杂，把较大的杂灌清出林子。砍灌除杂一方面方便嫁接时操作，另一方面利于油茶嫁接后的营养供给。

（2）砧木选择

在油茶林中选择生长健壮、无病虫害、干直光滑、有2~4个分枝角度适当的主枝的油茶作为砧木。

（3）修枝整形

根据欲改良油茶的整体树形，有目的修整，保留3~6

个生长旺盛、向外膛生长的主枝，其余多余枝条全部砍去，留下的主干枝叶如较密，再疏去部分枝叶，修枝整形后，枝形呈开心形，树体内通风好，树枝叶采光好。

3. 穗条采集

接穗的好坏是影响成活率的重要环节之一，应在优良无性系采穗圃中选择树冠中上部外围腋芽饱满、发育健壮、充实的当年生已木质化枝条，早上采集穗条为宜。采取的接穗条要带有 2~4 个饱满叶芽，穗条一般要随采随用，采集后挂上标签，用浸水的脱脂棉或毛巾包裹剪口保湿，然后装入塑料袋密封。若要运输，应放到阴凉的地方，到达目的地后立即摊放到阴湿的地方。接穗皮层变黑和发皱均不能再用。

接穗采集后，会散失水分，消耗营养物质，芽的活力也会降低，因此穗条保存时间长短对油茶高接换冠成活率有一定的影响。接穗保存时间越长，嫁接成活率越低，根据信阳市林业科学研究所在商城县长竹园乡嫁接时试验结果(表6-3)，接穗保存 2 天时，嫁接成活率平均 67.0%，而当天采集的接穗成活率平均达到 80.7%。根据中心产区相关试验结果，1~2天接穗保存时间对嫁接成活率的影响不是太大，保存方法适当的情况下 7 天以上才会对嫁接成活率产生大的影响，因而嫁接的穗条最好现采现接，接穗采集后最长保存时间不得超过 7 天。

表6-3　不同接穗保存时间油茶嫁接成活率(%)

接穗保存时间	重复Ⅰ	重复Ⅱ	重复Ⅲ	均值
0 天	80.0	82.0	80.0	80.7
1 天	73.0	70.0	75.0	72.6
2 天	66.0	68.0	67.0	67.0

4. 嫁接时间

一般在 5 月中下旬到 7 月中下旬。拉皮切接法秋接 9 ~ 10 月。

5. 嫁接

嫁接前应该对嫁接人员进行培训，然后再进行嫁接。

嫁接技术熟练程度对嫁接成活有影响，信阳市林业科学研究所根据嫁接人员嫁接熟练程度进行分组嫁接，不同嫁接人员小组的撕皮嵌接所有嫁接芽成活率见表 6-4。不同嫁接人员嫁接成活率不同，嫁接人员技术越熟练嫁接成活率越高。

表 6-4　不同嫁接人员对嫁接成活率的影响(%)

嫁接小组	重复 I	重复 II	重复 III	均值
1	87.1	83.3	86.1	85.5
2	78.5	81.9	81.7	80.7
3	71.6	72.8	74.3	72.9

（1）拉皮切接法技术要领

断砧：把选好的砧木在离地面 40 ~ 80cm 处锯断，断砧时注意防止砧木皮层撕裂，每株留 2 ~ 3 个主枝作营养枝和遮阴用，其余全部清除。

削砧：用嫁接刀削平锯口，削面里高外低略有斜度。

切砧拉皮：按接穗大小和长短，用单面刀片在砧木断口往下平行切两刀，深达木质部，然后将皮挑起拉开。

拉切接穗：用单面刀片在穗条叶芽反面从芽基稍下方，平直往下斜拉一切面，长 2cm 左右，切面稍见木质部，基部可见髓心，在叶芽正下方斜切一短接口，切成 20° ~ 30° 的斜面，呈马耳形，在芽尖上方平切一刀，即成 一芽一叶的接穗。叶片小的留一叶，叶片大的留 1/3～1/2，接穗切好后放入清水中待用。

插入接穗：接穗长切面朝内，对准形成层，紧靠一边插入拉皮槽内，接穗切面稍高出砧木断口（称露白），然后将砧木挑起的皮覆盖在接穗的短切面上。一个砧木可接 1～3 个接穗。

绑扎：用拉力较强，2～2.5cm 宽的薄膜带自下而上绑扎接口，注意防止接穗移动。

保湿遮阴：绑扎接穗后，随即罩上塑料袋密封保湿，用牛皮纸按东西方向扎在塑料袋外层遮荫。

嫁接后管理：嫁接后用毒笔在遮阴纸下方绕砧木画一圈，防止蚂蚁侵害。及时除萌，接后 30 天愈合抽梢，40 天左右新梢由红色变绿色时，在傍晚除去保湿袋，但还需遮阴。当新梢长至 6cm 时，可解绑。为促进新梢生长，要适量施肥，每株施尿素、氯化钾各 100g，防止人畜危害。

图 6-1　拉皮切接法接芽和树冠

（2）撕皮嵌接法技术要领

砧木处理：把整形后的油茶主干内侧（树冠中心侧）距地面 80cm 左右的平茬处擦净，横切一刀，刀口长 0.5cm，深度以切断皮层为准，然后在横切口两端各向下呈"Ⅱ"形垂直切两刀，长约 3cm，"Ⅱ"形的切口宽度和长度应与嵌接的小穗条相适应。

嵌接芽的削取：在接穗上截取一段有一饱满芽的小枝条，在芽的上方 1.2cm 左右把接穗削断，切口要平，在背向芽的一面平行于枝条削一刀，削去的厚度是小枝条粗的的 1/4 左右，在芽的下方 1cm 左右（具体长度可根据接穗上芽间距而定），从芽方向背向芽的的一方斜下 45°削一刀，削至前刀口。芽带的叶片削去 1/2。注意削接芽时，手要稳，刀要利，削面一刀削成，确保平滑，与砧木相接的削面不能有皮层。

接合：削好嵌接的芽，用刀尖拨开"Ⅱ"形切口，手持叶柄把芽迅速嵌入砧木切口皮层内，使芽背向削面与砧木紧密相接，把砧木切口的树皮压在接芽上，最后用聚乙烯薄膜条从上而下缠缚严密，只露出叶和芽。接合时注意接芽的削面一定要与砧木紧密结合，绑扎时，不要让芽晃动，叶和芽一定要留出，否则接芽成活后，会被薄膜条绑住紧贴在树干上，不利于接芽展叶生长，如果解绑不及时，还容易烂死。

外包扎：嫁接好一个芽后，按 20cm 左右间距继续向上嫁接一芽，用 30~40cm 宽的聚乙烯薄膜围绕树干把这两个接好的芽完全包住，再用聚乙烯薄膜条把上下两端扎紧，防止雨水进入和保温，以上嫁接好的可两芽称为一对芽。按此方法每枝干上可嫁接 2~3 对芽，为了包扎方便，每对芽之间间距 40cm 左右。注意包薄膜不能太紧，否则完全贴在树干上，会影响接芽生长。

6. 嫁接后管理

除萌：嫁接后的油茶，因为修枝整形其主干上会有隐芽萌出，必须及时除去。除萌整个生长季节不能停止，做到除草除了，保证接芽的营养供给。

解绑：嫁接后一个半月左右，要把接芽外面的所包的薄膜除掉。在解罩前先观察嫁接成活情况，如成活率较高，砍去嫁接芽上面的枝叶，只留部分小枝叶，把砍下的枝叶清走后，再把接芽外包的薄膜解掉。并用利刀轻轻把绑接芽的薄膜条切断。注意应先砍枝叶后解绑，如果先解绑后砍枝叶，成活的接芽刚展叶，容易被碰掉。解绑时不砍枝干，等油茶籽成熟采摘后再砍枝叶，会对嫁接芽的生长影响很大，一方面油茶籽消耗大量养分，嫁接芽生长缓慢，木质化晚，很难经受冬天低温的考验，另一方面个别生长较弱的芽，因营养不足而慢慢死掉。

断砧：解绑修枝后，嫁接芽生长较快，当年 11 月底就能生长 10cm 左右，能够自我供给养分。第二年 3 月树液流动前，必须把接芽上面砧木原有的枝干全部砍去，确保嫁接芽的快速生长。

修形：第二年接芽生长较快，会长成枝条，部分枝条可能重叠生长，到年底进入休眠期，可根据需要适当修形，有利于嫁接后油茶整体树形培养和品种改良后的油茶产量的提高。

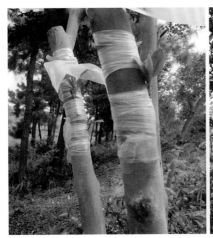

图 6-2 撕皮嵌接法接芽和树冠

(三)抚育管理

1. 杂木清除

对于长期撂荒导致杂灌丛生、藤蔓缠绕，还有马尾松、杉木、枫香、麻栎等不同高大乔木与其混生的油茶低产林，必须先清除上层高大乔木，砍去杂灌和清理缠绕的藤蔓，使油茶从被压的状态下解脱出来，重新获得充足的光照，然后再进行垦复、施肥等营林措施。一般在杂木清理后，第二年即可较大幅度地提高产量。

2. 除草

老油茶林内杂草一般较少，但密林疏伐和杂木清除后林地会有空地，杂草会滋生，刚出的杂草不影响油茶的生长，为节约成本，可以不除草。当杂草过多与林分争水争肥时，可结合垦复和施肥进行除草。

3. 适时排灌

提前挖好排水沟和布置灌溉设施，根据土壤墒情及时排水和灌溉。3月根系生长高峰期，做好防水排涝，7~9月果实生长和油脂转化期干旱及时灌溉，同时7~9月为信阳降雨集中期，还要及时注意排水。

4. 合理施肥

施肥可以增加土壤养分，满足油茶林对各种养分的需求，有利于油茶开花和结果，提高油茶产量和质量。信阳市林业科学研究所在商城县开展施肥试验，增施复合肥和未施复合肥的油茶林分油茶产果重见表6-5。可见增施复合肥对油茶产量有显著的影响。

表6-5　施肥与否对油茶果实产量的影响　　（kg/667m²）

是否施肥	重复Ⅰ	重复Ⅱ	重复Ⅲ	平均
是	266.3	247.1	255.5	256.3
否	127.3	128.6	133.9	129.9

根据油茶的生长特性施肥，秋冬以有机肥为主，春夏可施速效肥：大年以磷钾肥为主，小年增施氮肥或复合肥。施肥方法：结合垦复，在树冠外沿环沟或梯带内壁开沟施用。在有较大坡度的林地，应在树冠上沿林地进行沟施。

5. 控形修剪

老油茶低产林多为种子直播造林，一穴多株或一株多萌的现象较多，其特点是主干多、树冠拥挤、枝条重叠、光照不足、内膛空虚、结果部位外移。修剪时首先要剪除结果不良的，仅选留其中一株生长结果较好的植株，再将根际萌蘖一律疏除，同时疏除病虫枝、枯死枝、过密交叉枝，清理裙枝。打开光路，使树体透风、恢复生机。

油茶喜光，花果在枝上终年不断，需要充足的阳光和营养物质才能满足其生长。控形修剪不仅能提高树体内的通风透光能力，提高光合作用，而且形成的不同树形树冠内光合辐射强度也不一样，从而影响树体和能促进油茶新梢的生长和发枝。不同的修剪方式树体结构不同，光合作用不同，结果面积不同，油茶进行修剪可以影响花芽数、单实数和果实产量。表6-6是信阳市林业科学研究所周传涛等对"控形修剪对油茶低产林生长和产量的影响研究"试验数据。

表6-6　不同冠形油茶新梢、花芽、果实数和果实产量

冠形	新梢长度 （cm）	花芽数 （个/株）	果实数 （个/株）	单株产量 （kg/株）
自然圆头形	16.7	453	198	4.66
自然开心形	16.3	433	186	4.43
基部三主枝形	15.8	405	178	4.27
纺缍形	15.3	363	156	3.71
未修剪	14.1	349	137	2.84

修剪应在油茶处于休眠期进行，时间为11月中旬至翌年2月底，这个时期修剪树体养分损失最少，对树势具有一定的促进和增强作用。信阳市冬季严寒常有冻害发生，春节后正月期间修剪最好。修剪以疏剪为主，剪密留疏，去弱留强。由于老油茶林树形已形成，可根据树冠情况进行修剪，先看后剪，修剪成的树形以自然圆头形为主、自然开心形和基部三主枝形为辅。

6. 垦复

垦复是油茶进行抚育改造的一项重要措施，垦复可在冬、夏两个时期展开。冬季油茶梢芽还未萌动，此时进行深垦，能够增加土壤肥力，提高土壤温度和湿度，从而促进新梢生长并提高坐果率。7、8 月正是油茶壮果长油和花芽孕育期，对水肥的需求较多，并且这时杂草幼嫩，夏季浅垦不仅能够清除杂草，减少与油茶争夺水肥，并且杂草翻入土中容易沤烂分解，这样既可增加土壤的有机质又能减少水分蒸发，夏季浅垦还能有效地接纳吸收更多的降水，增加土壤的保水和蓄水能力。冬季深垦深度为 30cm 以上。垦复方法可根据油茶林的地形、地貌、土壤和树龄的不同，采取带状垦复、穴状垦复、阶梯式垦复或壕沟抚育等。不论采用何种垦复方法，都要以不造成水土流失为前提。

冬季深垦和夏季浅垦对油茶新梢长度、花芽数和果实均有一定的影响（信阳市科学研究所研究数据见表 6-7），冬季深垦+夏季浅垦后油茶单株果实产量最大，因此油茶低产林改造垦复既要冬季深垦，又要夏季浅垦，这样才能起到更好的效果。实践证明荒芜或管理不善的油茶林一经垦复就可"当年得利，两年增产，三年丰收"。

表 6-7 不同垦复方法油茶新梢生长量、花芽数量及果实

处理	新梢长度（cm）	花芽数（个）	果实数（个）	单果重（g）	单株果实产量（kg）
冬季深垦	12.3	427	175	24.12	4.22
夏季浅垦	11.8	438	159	24.43	3.88
深垦+浅垦	14.2	482	202	26.31	5.31
不垦复	9.9	275	108	21.52	2.32

垦复时注意蓄水保土。老油茶林大多数在坡度较大的山上，土层较为瘠薄，油茶生长较弱。因此，在坡度较大的油茶林，蓄水保土是实现增产、丰产的一项重要技术措施。垦复时在水平带上沿环山水平方向，可采用半挖半填的方法，

把坡面一次修改成水平梯带，外高内低，梯内每隔一段距离（6~8m）挖长 1~1.5m、宽和深各 40~50cm 的水平竹节沟，在雨季既可减缓地表径流、防水土流失，也可提高水分渗透性，在旱季起蓄水抗旱的作用，对油茶生长发育十分有利。在坡度较大的林地，也可将油茶林整成鱼鳞坑状，达到植株周围局部土层加厚、蓄水抗旱等目的。

低产林产生原因是多方面的，不同技术改造措施均可提高油茶产量，但实际生产中往往是多种技术措施同时使用，这样才能更有效提高低产林增产效果。根据信阳市林业科学研究所卜付军等"豫南山地油茶低产林改造综合技术研究"表明：两种改造措施单位面积产量增产比单种低改措施单位面积油茶产量高，3 种改造措施比 2 种措施产量高，增产较多，综合改造措施产量最高，增产也最明显。试验研究数据见表6-8。

表6-8　低产林改造措施对产量的影响

改造措施	平均单株产果量（kg/株）	平均单株产油量（kg/株）	单位面积产油量（kg/hm²）	比未改造增产（%）
综合措施	5.83	0.349	393.15	427.36
疏密修剪+垦复+施肥	5.28	0.312	351.30	371.23
夏锄冬垦+施肥	4.48	0.255	287.25	258.32
病虫害防治	2.95	0.165	185.85	149.30
未改造	1.25	0.066	74.55	—

（四）截干更新

品种的经济性较好，但生长衰退，树势弱或树龄大的油茶林，可采用截干更新。树干树形良好的低产树可冬季在其离地面 1~1.5m 处锯断大枝，使其在断口附近重新萌枝，次年可选着生位置好、生长健壮、无病虫害的萌条培养新的树冠，加强管理，尽快开花结果。对于树形较差，需要进行平茬的油茶植株，可在冬季将老树距地面 10~20cm 处伐除，砍口要平整，来年夏季选留 1~2 根萌条，进行整形修剪，形成新的树冠。截干更新的林分及时清理伐干和枝条，伐口要涂漆，做好防水和病虫害处理。春季及时除萌。

（五）逐步更新

立地条件相对较好，面积较大或品种类型差的油茶树占比较高，林相不整齐，生长衰退，树势弱的油茶林，可进行逐步更新。在改造林地先进行疏密，然后按一定的株距预栽适合本地生长的优良品种，待其成活和长大后，逐步伐除老油茶树。逐步更新相对于高接换冠来讲，操作简单，效果好，适宜大面积的低产林改造。

（六）保留生态林

对于立地条件较差，低改成本大或通过低改措施也难以提高产量的低产油茶林，重新栽植油茶仍会低产，改造成其他树种也不能很好适生，如以前在山脊作为防火林带种植的油茶，可作为生态林保留，作为防止水土流失和附近油茶授粉的引蜂植物。

第二节　新低产林

一、低产原因

（一）选地不适

"适地适树"是油茶正常生长发育、丰产稳产、获得效益的基础，一些企业在发展油茶时，有些油茶基地选地不够理想。例如，有的坡度太大、有的坡向不适（光照不足）、有的低洼积水、有的土层瘠薄等，导致造林不成林或成林慢、产量低、效益差，形成新的低产林。

（二）品种良莠不齐

2009 年开始，信阳油茶种植快速发展，平均每年以 5 万亩的速度递增。在油茶快速发展的初期，由于没有良种和采穗圃的前期储备，大量从江西、湖南等引进当地良种，缺少区试，因气候、立地条件的差异，一些品种在信阳不适生，形成新低产林。

（三）密度过大

早期油茶造林密度过大，主要为 111 株/667m²（2m×3m），甚至也有 166 株/667m²（2m×2m），这些油茶林刚进入丰产期就已郁闭，使得油茶林密不透风，光照不足，产量逐年下降，成为新的低产林。遗憾的是，当前很多人对此认识不足，未能及时采取降低密度的措施，造成越来越多新的低产林。

（四）管理粗放

有的企业因资金不足，油茶栽植后粗放管理，导致油茶园荒芜，还有的企业发展速度过快，油茶园面积过大，人手不足，因而管理跟不上，导致间断式草荒。

二、改造措施

(一)立地改善

对于选地不当的低产林,该放弃就放弃,如坡度过大、土层瘠薄、阴坡等地段。否则,经营时间越长,损失就越大。对有希望获得较好产量的局部地块,可针对其存在的问题加以改造,如低洼处可加强排水;土层瘠薄处可进行施肥、培土等。同时加大垦复力度,改良土壤。

(二)品种更换

油茶新低产林的品种改造要果断、快速,不能拖延。先对油茶林挂果情况进行摸底调查,做好记号,对不良品种(所占比例不高)立即用良种大苗补植或高接换优方式进行改造。

(三)密度调控

油茶是强阳性树种,必须透风透光才能获得良好的产量。根据实际,密度调整为 56 株/667m² (3m×4m)、74 株/667m² (3m×3m)、郁闭度保持在 0.7 左右比较合理。对于密度过大的油茶林,可采用逐步压冠,直至最后清除或通过移除调整。

(四)切枝更新或重剪

对树势衰弱,但结实好、产量高的植株,可于冬末春初树液流动前,将待更新树主枝中、下部,在分枝处以上的大枝全部剪(锯)除,待萌条长至 5~10cm 后,选留方向好、角度适宜、生长健壮的萌条 3~5 条，进行新的树冠培养，其余剪除。更新植株 3~4 年可恢复产量。在操作中，锯（剪）口呈斜面，要光滑并涂抹伤口愈伤剂或保护剂，以便加速伤口愈合。有些树体较高，树形不良、但结实较好的植株，也可以进行重度修剪，压低高度，促进树体通风透光，可很快恢复产量。

（五）加强管理

俗话说"三分种、七分管"。油茶在前 4 年都处于只有支出、没有收入的状态，油茶业者事先应该做好周密的投资规划，做到凡是栽植下去的油茶林都有能力进行管护。实践证明：油茶前期按科学管理，投入资金越充裕，获得效益就越快、越高；反之油茶栽培与病虫害防治投入越是不足，获得效益就越慢、越低，甚至导致造林失败，造成亏损。

第三节　油茶低产林林分管理和改造月度记事

每个树种都有不同生物学和生态学特征，油茶生态学特征和生长发育规律将是我们管理和提高油茶产量的依据。

一、油茶生长主要发育规律

立春至立夏间抽春梢。春梢停止生长之前出现第一个根系生长高峰。3 月第一次果实膨大时有一个生理落果高峰期。5 月春梢生长停止生长后至 9 月为花芽分化期。7~8 月是油茶果实膨大的重要高峰期，此间可能存在第二次落果高峰。8~9 月为油脂转化和积累期；果实渐入成熟期，10~11 月为采收季。9 月果实停止生长之前出现第二个根系生长高峰。立秋到立冬间抽秋梢。9月底至12月初为油茶花期。12月至翌年2月越冬休眠期。

二、油茶低产林林分管理和改造月度记事

根据油茶生长规律，确定油茶各个时期管理措施，制定管理目标：3~5月为促梢生长，保果，减少生理落果。6~8月提高油脂转化和积累，9~11月提高出油率，12月至翌年2月，提高抗寒抗病虫害能力，引导高产树体形成。

根据油茶不同时期生长特性，进行低产林改造和改造后林分管理。

3月油茶春梢萌发，果实膨大有第一次落果。

林分管理：追肥、排水防涝，增加林木养分，促进根系和春梢生长，减少落果。沟施氮肥50~100g/株；开好排水沟，雨季防涝。

低产林改造：林地清理、垦复施肥、补植壮苗，清除各类杂灌木，剪除老、弱、病、残枝，垦复深度在10~15cm，追施氮肥0.25kg/株，在密度过空地中用良种容器大苗补植。

4月油茶春梢生长果实生长。

林分管理：垦复施肥，促进春梢和果实生长，沟施复合肥0.5kg/株或油茶专用肥1kg/株。

低产林改造：砍木清理，进一步剪除剪除老、弱、病、残枝。

5月油茶春梢木质化花芽分化，二次春梢萌发。

林分管理：同4月。

低产林改造：品种改良，嫁接。

6月油茶夏梢生长，果实生长，花蕾分化。

林分管理：中耕除草，防涝，促进果实生长和花蕾分

化，浇锄深度在 10~15cm，雨季注意防涝，开好排水沟。

低产林改造：除萌、垦复，清除各类杂灌木，浅锄垦复深度在 10~15cm。

7 月油茶果实生长高峰，秋梢生长。

林分管理：轻剪、施肥，摘除部分夏梢，及时剪除春梢病部和病枝。根据挂果情况追施复合肥 0.5~1kg/株，促进果实膨大生长。

低产林改造：浅垦培、剪砧解罩，清除所有杂灌、浅锄深度在 10~15cm，撕皮嵌接高接换冠第一次剪砧(嫁接后 40 天)，第一次剪砧后 10 天左右解罩。

8 月油茶果实生长与油脂转化。

林分管理：中耕除草合理、合理灌溉，浇锄深度在 10~15cm，根据土壤墒情及时排灌。

9 月油茶油脂转化高峰，秋梢生长。

林分管理：合理灌溉、禁止采摘果实，加强水分管理，此时为油脂转化关键时期，没有成熟的品种禁止采摘果实。

低产林改造：日常管理，禁止采摘果实。

10 月油茶果实成熟。

林分管理：适时采摘、月底开始引蜂授粉，寒露籽宜于 10 月上旬寒露节前后采摘，霜降籽宜于 10 月下旬霜降节前后采摘。

低产林改造：适时采收。

11 月油茶开花。

林分管理：施肥、修剪、土壤改良，施越冬肥，促进油茶开花受粉和第二年养分积累。沟施土杂肥或粪肥 15~20kg/株，或有机专用肥 1~2kg/株；修剪下脚枝、过密枝、重叠交叉枝和病虫害枝；土壤改良可结合施肥进行，在树冠投影外侧深翻 30~60cm。

低产林改造：施肥、垦复深挖、整枝修剪。

12 月至翌年 2 月。油茶越冬休眠。

林分管理：修剪、施冬肥，为春梢生长和花芽坐果积累养分。

低产林改造：撕皮嵌接法断砧、修剪、土壤改良，土壤改良可结合施肥进行，在树冠投影外侧深翻 30~60cm。

第四节　低产林预防措施

一、基地建设要慎重

油茶是经济林，一切经营活动都要以经济效益为核心。不同立地条件的基地有不同的产出比，如地势平缓、土层深厚、水热条件好、交通较便捷的地区，土地租金可能高一些，但生产管理成本可能低一些、产量可能高一些；而在山区坡度较大、土层较瘠薄、水热条件较差、交通较闭塞的地区，租金也许低一些，但生产管理费用无疑要增加、产量定会降低。此外，还要考虑到人力资源和劳动成本。如果盲目建立基地，可能会造成投入资金大、投入效果差，最后导致资金不足或失去投资动力，基地管理无法持续维持，成为低产林。因此，油茶基地建设一定要慎重，尽可能选择能高产稳产、便于经营管理、效益有保证的地段。

二、发展规模要适度

对于油茶产业来讲，要有一定的规模，才能形成较完整的产业链条；对于种植企业或大户来讲，油茶的发展规模、发展速度一定要适度。①油茶种植是劳动密集型产业，栽植后需要及时进行除草、水肥管理、树形培育，病虫防治、鲜果采收等，目前基本上都是人工操作，对人力的需求量较大，应充分考虑当地人力资源。②油茶从种植到收益期，需要7~8年的时间，前期投入较大，应充分考虑持续资金投入能力。因此，种植企业或大户要量力而行，做到造一块、成一块，以达到预期目标。

三、"良种+良法"要做到

营造油茶丰产林要做到"三好"：①油茶生长环境好（选地与整地，外因好）。②种苗质量好（良种与配置，内因好）。③栽培技术好（栽植与管护，利用和控制好内、外因）。早实丰产林栽培管理的10项关键技术：①气候适宜。②立地条件好。③整地质量高。④良种壮苗。⑤栽植技术高。⑥中耕除草及时。⑦套种科学合理（也有很多不套种的纯林）。⑧施肥适时适量（栽前挖大穴深施肥，栽后追肥）。⑨保持林分通风透光（合理密度，整形修剪）。⑩病虫害控制良好。无论是"三好"，还是10项关键技术，只要按质按量做到，油茶丰产稳产的目标不难实现，低产林现象可以避免。

第七章　油茶复合经营

油茶复合经营是指充分利用油茶林地、油茶花、油茶果、油茶文化等资源，深化延链补链强链，推动一二三产融合发展，不断提升油茶产业的综合效益和竞争力，推动油茶产业高质量发展。油茶复合经营模式主要有林下种养，精深加工，茶旅融合等。

第一节　油茶林下种养

油茶初植密度通常为3m×3.5m，幼林生长缓慢，4~5年开始挂果，8~10年进入盛果期，中幼龄油茶林地空间大，管理费用高，导致油茶种植前期经济效益低，资金投入大。充分利用油茶林地资源和油茶造林年份，因地制宜选择适当的作物和禽类，打造"油茶—林下种植—林下养殖"相结合的立体循环模式，实现农林牧资源共享、优势互补、循环相生、协调发展的生态农业发展模式，以短养长，长短结合，不仅能解决管理难题，还可提高土壤肥力，促进油茶生长结实，增加经济收入，起到近期得利、长期得林产业化效应，具有广阔的发展前景和空间。

一、林下种植

充分利用中幼林林地空间和时间，进行合理间作，既能有效解决林农用地矛盾，提升土地综合利用率，还可以有效解决油茶种植前期收益的空窗期，实现以种促管，以短养长，提高油茶种植的综合效益，有条件的地方应大力推广。实践中，油茶林下种植模式有多种，主要有林粮、林药、林蔬、林绿等模式。

图 7-1 林下种植迷迭香

间作作物选择的原则：林农间作、以林为主。根据油茶林地的立地条件和林龄，原则上不与油茶争水、争肥、争光，适应性强，矮秆、根系不发达、且有利于提高土壤肥力的作物为主，以形成相互有利的生物群落。一般宜选择豆类和绿肥。豆科植物的根瘤菌有固氮作用，对改善林地土壤的理化性质，提高土壤肥力有很大的作用。试验表明，1亩豆科绿肥的根瘤菌，一年能固定下来的氮素，相当于30~35kg的硫酸铵。

间作模式的选择：一般来说，对于交通比较方便，坡度较缓，土壤较好，光照充足的油茶林地，可选择林粮模式，如间种花生、油菜、黄豆、蚕豆、豌豆、绿豆、红薯、山稻等，一些油茶基地试验花生与油菜轮作，实现"一地三油"，取得了很好的效果；在交通方便，地势平坦，土壤肥沃，光照充足的油茶林地，可选择林蔬模式，如种植黄花菜、大蒜、大白菜、萝卜等；在地势较缓，土壤较好，油茶林密度稍大，光照较弱的林地，宜选择林药模式，如种植苍术、迷迭香、黄精、桔梗等；对于交通不便，坡度稍陡，土壤贫瘠，光照充足的油茶林地，宜选择林绿模式，如种植紫云英、苜蓿、紫花苜蓿、毛叶苕子等绿肥。

间作方法：间作作物应适时早播。油茶林地一般土层浅薄，不耐干旱，特别是夏季高温干旱，不利于间作物的生长，因此，要适当早播，充分利用春夏之间高温、多雨的有利条件，促使作物生长。间作作物的种植距离应根据不同树龄的油茶生长情况而定，在不影响油茶正常生长的前提下，间作作物与油茶的间距应保持50cm以上，且逐年随着幼树长大而增大。重视田间管理，增施基肥或追肥，从而确保间作作物高产优质，同时改善土壤肥力。

二、林下养殖

近年来，随着油茶林下复合经营的不断探索和实践，林下生态养殖已发展成为一种新模式，即在油茶林下放养或圈养鸡、鸭、鹅等禽类，油茶林为禽类提供良好的生存环境，禽类可以捕食昆虫，啄食杂草，同时禽类粪为油茶提供肥料，形成循环经济。

图 7-2　林下养殖

发展林禽模式应利用中林龄和成林油茶林地，油茶幼林不宜发展。林地内或边缘要有池、塘、湖、堰等，能为禽类提供无污染水源，且林地应远离畜禽交易场所、畜禽屠宰场、加工场、化工厂和垃圾处理场，避免空气、尘埃、水源、病菌和噪声等污染。油茶林地内有一定的散射光，空气新鲜，环境清洁，禽类生态散养，食杂草和昆虫，肉、蛋质量好，符合绿色消费观念，受市场欢迎，同时又可以很好地遏制杂草生长，减少林木病虫害，禽粪能有效地提高土壤肥力，通过林禽共生大大降低了林木抚育及禽类饲养成本，形成林禽双丰收的良好生态循环。

第二节　加工和综合利用

信阳市油茶精深加工起步较晚，大部分茶籽经民间小作坊压榨后直接消费或将毛油卖给加工企业。全市现有规模化加工企业 9 家，年生产茶油能力 25500 吨，约是现有产能的 3 倍，主要产品为精炼油，同质化严重，经营困难。加工企业自主研发，创新能力不足，深加工产品少，其中少数厂家虽然也委托化妆品企业等以贴牌的方式生产了一些化妆品和洗涤用品，但仅仅是点缀，销售额并不大。精深加工是延长产业链、提升价值链、优化供应链、构建利益链的关键环节，是加快油茶高质发展的重要一环。

一、茶油综合利用

茶籽通过压榨后取得的茶油是优质食用油。由于茶油加工起步晚，长期以来没有形成真正适合于油茶特点的加工技术，如规范的油茶籽采后处理技术、干燥技术、压榨技术和精炼技术。主要是模仿其他大宗油料的加工技术，采用高强度的精炼。一般情况下，食用茶油精炼过程中的油脂损耗为 8% 左右，同时高强度精炼也使所含的维生素 E、植物甾醇、角鲨烯等活性成分损失超过 34.5% ~ 55.4%，使茶油的营养价值显著降低。近年来在茶油加工方面出现了一些新的技术，如二氧化碳超临界萃取技术、水酶法制油技术以及双螺旋低温压榨技术等。其中超临界萃取技术制取的油清澈纯正、色泽较浅，活性成分损失少，不需精炼，但生产成本较高，适合于高级保健茶油的生产；水酶法制油对设备要求低，可免除强精炼，有利于油茶籽的综合利用，但油茶籽中的皂素容易造成乳化，清油得率偏低。目前市场上相对成熟的新的茶油加工技术是双螺旋低温压榨技术。在原料含水、含壳率适当的条件下，低温压榨残油率可低至5%左右，优于传统压榨6%~8%的残油率。获得的油色值、滋味、酸值、过氧化值等质量指标均有明显改善。压榨后只需经过过滤、脱水和冬化处理即可成为优质成品油，可避免维生素E、谷甾醇、角鲨烯、多酚等微营养成分的大量损失，体现了茶油作为高档食用油的品质。

茶油深加工产品开发方面也取得了较大进展。通过精炼加工成高级保健食用油、保健胶囊、口服液等。茶油在工业上可制取油酸及其酯类，可通过氢化制取硬化油生产肥皂和凡士林等，也可经极度氢化后水解制硬脂酸和甘油等工业原材料。茶油本身也是医药上的原料，用于调制各种药膏、药丸等。民间用茶油治疗烫伤和烧伤以及体癣、慢性湿疹等皮肤病。茶油还能润泽肌肤，用来擦头发，可使头发乌黑柔软。近年，通过利用高亚油酸茶油滋养皮肤能吸收对人体最有害的290~320nm的短波紫外线（UVB）的功能，通过精炼制作天然高级美容护肤系列化妆品，如护肤油、按摩油等。

二、茶枯的综合利用

茶枯是油茶籽经压榨出油后的固体残渣，内含有大量的多糖、蛋白质和皂素。茶枯的深加工是油茶综合利用中开展最早和最深入的项目。

提取残油。茶枯中的残油含量因加工方法、操作和工艺水平而有很大差异，就目前最广泛的机械压榨方法而言，残油量一般在 5%～8%。这些残油绝大部分随茶枯而浪费了。通过研究采用的溶剂浸提法提残油，提取率 5%～6%。而且，提取残油也是茶枯进行深加工提取皂素的必要环节。

提取皂素。油茶皂素即茶皂角甙，是一种很好的表面活性剂和发泡剂，有较强的去污能力，广泛用于化工、食品和医药等行业，生产洗发膏、洗涤剂、食品添加剂、净化剂和灭火器中的起泡剂等。油茶种籽中的皂素含量随果实成熟而逐渐降低，到采收时含量在 20%～25%。当前皂素提取法有水萃取法和溶剂萃取法，并以采用甲醇、乙醇和异丙醇为溶剂的萃取法最为常用。采用有机溶剂可将茶枯中残油的 85% 左右提取出来，经 3 次浸提，茶皂素得率可达 8.57%～9.17%，提取率 75% 以上，这样萃取得的为粗皂素浆，可直接使用或进一步通过加热沉淀结晶等方法进行精制提纯，制成各种成品型皂素。

作饲料。茶枯中蛋白质和糖类总含量为 40%～50%，是很好的植物蛋白饲料，但由于茶枯中含有 20% 的皂素，皂素味苦而辛辣，且具有溶血性和鱼毒性，虽然可用于作虾、蟹等专业养殖场的清场或有害鱼类的毒药剂，但不能直接作为饲料使用，必须脱除皂甙去毒。经脱脂和提取茶皂素的茶枯可掺拌或直接用来饲喂家畜或用于各类水产养殖。

制作抛光粉。抛光粉是用于车床上制作打磨各种部件时用的润滑剂。茶枯具有特殊的物理颗粒结构，研究证明：用提取残油后的茶枯饼粕经粉碎加工成 200 目的粉状颗粒，可以作为高级车床的抛光粉，价格和效果均优于现有的同类抛光粉。目前，国内外需求量日益上升。

有机肥料。茶枯中的氮、磷、钾含量分别为 1.99%、

0.54%、2.33%，可作有机肥使用。广西植物研究所试验证明每株油茶树穴施 1.5kg 茶枯，当年新梢增长度比对照长 23%~28%。茶枯还可作农药，既可杀虫防病，又可改良土壤结构，提高土壤肥力。

三、茶壳的综合利用

茶壳也就是油茶果的果皮，一般占整个茶果鲜重的 50%~60%。每生产 100kg 茶油的茶壳，可提炼栲胶 36kg，糠醛 32kg，活性炭 60kg，碳酸钾 60kg，并能衍生出冰醋酸 6.4kg，醋酸钠 25.6kg。

制糠醛和木糖醇。糠醛是无色透明的油状化工产品，广泛用于橡胶、合成树脂、涂料、医药、农药和铸造工业，是一种很重要的化工原料。茶壳制糠醛是通过对多缩戊糠的水解得到，其理论含量为 18.16%~19.37%，接近或超过现今用于制糠醛的主要原材料玉米芯（9.00%），棉子壳（7.50%）和稻谷壳（12.00%）等。多缩戊糖的水解也能生成木糖，经加氢而成为木糖醇。木糖醇是一种具有营养价值的甜味物质，易被人体吸收，代谢完全，不刺激胰岛素，是糖尿病患者理想的甜味剂，也是一种重要的工业原材料，广泛用于国防、皮革、塑料、油漆、涂料等方面。茶壳生产木糖醇的得率为 12%~18%。

在水解多缩戊糖生产糠醛或本糖醇过程中，还可以生产工业用葡萄糖、乙醇、乙酸、丙酸、甲酸和乙酸钠等副产品，一般每生产 1 吨糠醛成品可收回 1200~1300kg 结晶醋酸钠。

制栲胶。茶壳中含有 9.23% 的鞣质，可用水浸提法提取栲胶。栲胶是制革工业的主要原料，还可作为矿产工业上使用的浮选剂。提取栲胶后的残渣可用制糠醛或作肥料。

制活性炭。活性炭是一种多孔吸附剂，广泛用于食品、医药、化工、环保冶金和炼油等行业的脱色、除臭、除杂分离等。茶壳中含有大量的木质素，且具特有物理结构，是生产活性炭的良好的材料。茶壳经热解（炭化、活化）可生成具有较大活性和吸附能力的活性炭，其综合性能良好，各项质量指标如活性、得率、原料消耗及生产成本等均接近或优于其他果壳或木质素材料。江西省玉山活性炭厂利用茶壳为原材料生产的 G~A 糖炭，1985 年获部优产品称号。茶壳生产活性炭主要有气体活化法和氧化锌活化法，以氧化锌活化法较常用，且效果较好，成品得率为 10%~15%。

作培养基。茶壳中含有多种化学成分，作栽培香菇、平菇和凤尾菇等食用菌的培养基，所生产的食用菌，其外部形态和营养成分接近或优于棉籽壳、稻草和木屑等培养材料。油茶壳屑来栽培香菇以含量 40%~50% 为宜，产量略高于使用纯壳斗科木屑，氨基酸含量则提高 50%。用每吨培养料降低成本 16.7%~20.8%，可产鲜菇 900kg（干菇 90kg），价值 2700 元，同时每吨油茶壳还可节省 1m³ 木材。

第三节　茶旅融合

信阳是油茶种植的北缘区，大面积茶园形成了独特的自然景观，同时，信阳种植油茶历史悠久，油茶文化底蕴深厚，充分利用茶园自然景观，挖掘油茶文化和信阳民俗文化，推动茶旅融合发展，培育新业态新动能，是深化延链补链强链，不断提升油茶产业的综合效益和竞争力的新增长点。

　　油茶旅游是一个新的业态，如何实现油茶旅游与乡村旅游、红色旅游等全方位融合，讲好油茶故事，做足油茶文章，值得多方探索和实践。一是油茶园观光休闲。油茶四季长青，花期长，成片如花海，花蜜可食，果色果形富于变化，抱子怀胎，花果争艳，是立秋后少有的观花观果树种，形成了独特的茶园景观。新县、商城县、光山县均初步建设了油茶观光园或主题公园，举办油茶花节。二是油茶深度体验，感受田园生活。如吸食花蜜、茶果采摘、参与古法榨油、制作油茶美食等，如古法榨油展示与体验。三是茶文化传承与创新。信阳油茶种植历史攸久，深度挖掘茶文化，并与特色民俗文化融合，在场景中传播和学习茶文化，如油茶博物馆、田园综合体。四是油茶特色民宿、特色小镇，品尝油茶美食，听茶农讲油茶故事、红色故事。五是专业化、趣味化的油茶知识学习，与研学旅游相结合，重视中小学油茶知识的教育。六是油茶商品的多元化，满足不同人群的消费。

　　茶旅整合或许并不局限于"茶旅"这一单一命题，文化IP化、创意化；场景多样化、体验化；产品时尚化、创新化都是茶旅整合的命题所在。不但满足人们对美好生活的需求，也是茶旅融合富有活力的存在。

第八章　油茶病虫害防控

随着我国油茶种植面积的迅速扩大，油茶病虫害发生愈加严重，危害程度加大，油茶病虫害已经成为制约油茶产业健康发展的瓶颈。据报道，我国危害油茶的病虫害种类很多，害虫有 10 目 300 多种，病害有 50 多种。周春红等报道湖南油茶主要病害 35 种，害虫 127 种；伍建榕等对滇西地区红花油茶主要病虫害种类调查，共鉴定出 23 种主要病害和 5 种主要虫害；赵丹阳等对广东省油茶病虫害种类及发生动态进行了调查研究表明，广东省危害油茶的病虫害有 101 种，其中病害 14 种，虫害 87 种。

近年来，信阳市林业科学研究所组织技术人员对信阳市油茶病虫害发生情况进行系统调查研究，查明了主要病虫害种类及危害情况，为油茶病虫害针对性的防控及掌握油茶病虫害的无公害治理技术奠定基础。

第一节　信阳油茶园灯下昆虫群落结构及动态

2015—2016 年，信阳市林业科学研究所张玉虎等对信阳市油茶园灯下昆虫群落结构进行系统调查研究，查明了油茶园灯下昆虫群落的结构、多样性以及物种优势度，研究结果将为油茶园害虫防治提供科学的理论依据。

一、油茶园灯下昆虫群落组成

通过调查，共获得昆虫标本 9 目 55 科 120 种 1242 头，主要以鳞翅目和鞘翅目昆虫为主，占总科数的 60%，占总物种数的 69.17%。其中，鳞翅目 18 科，占总科数的 32.73%，昆虫 43 种，占物种数的 35.83%；鞘翅目 15 科，占总科数的 27.27%，昆虫 40 种，占物种数的 33.33%；同翅目 8 科，占总科数的 14.55%，昆虫 11 种，占物种数的 9.17%；半翅目 5 科，占总科数的 14.55%，昆虫 14 种，占物种数的 11.67%；膜翅目 2 科，占总科数的 3.64%，昆虫 5 种，占物种数的 4.17%；直翅目 4 科，占总科数的 7.27%，昆虫 4 种，占物种数的 3.33%；蜻蜓目 1 科，占总科数的 1.82%，昆虫 1 种，占物种数的 0.83%；脉翅目 1 科，占总科数的 1.82%，昆虫 1 种，占物种数的 0.83%；缨翅目 1 科，占总科数的 1.82%，昆虫 1 种，占物种数的 0.83%。

表 8-1　信阳油茶园灯下昆虫群落组成

昆虫目	科数	所占比例(%)	物种数	所占比例(%)
鳞翅目 Lepidoptera	18	32.73	43	35.83
鞘翅目 Coleoptera	15	27.27	40	33.33
同翅目 Homoptera	8	14.55	11	9.17
半翅目 Hemioptera	5	9.09	14	11.67
膜翅目 Hymenoptera	2	3.64	5	4.17
直翅目 Orthoptera	4	7.27	4	3.33
蜻蜓目 Odonata	1	1.82	1	0.83

（续）

昆虫目	科数	所占比例（%）	物种数	所占比例（%）
脉翅目 Neuroptera	1	1.82	1	0.83
缨翅目 Thysanoptera	1	1.82	1	0.83
合计	55	—	120	—

二、油茶园灯下昆虫群落的优势种

从表 8-2 可以看出，2015 年信阳市油茶园昆虫优势度最高为斜纹夜蛾 *Prodenia litura*，为 0.1012，其次为铜绿丽金龟 *Anomala corpulenta*、螺纹蓑蛾 *Clania crameri*、桃蛀螟 *Conogethes punctiferalis*，优势度分别为 0.0942、0.0860、0.0791。2016 年铜绿丽金龟优势度最高为 0.0995，其次为茶蓑蛾 *Clania minuscula* 为 0.0785。两年优势度较高的昆虫除铜绿丽金龟外，差异较大。

表 8-2　信阳油茶园灯下昆虫群落优势度

2015 年		2016 年	
种名	优势度	种名	优势度
斜纹夜蛾 *Prodenia litura*	0.1012	铜绿丽金龟 *Anomala corpulenta*	0.0995
铜绿丽金龟 *Anomala corpulenta*	0.0942	茶蓑蛾 *Clania minuscula*	0.0785
螺纹蓑蛾 *Clania crameri*	0.0860	东方蝼蛄 *Gryllotalpa orientalis*	0.0445
桃蛀螟 *Conogethes punctiferalis*	0.0791	红脊长蝽 *Tropidothorax elegans*	0.0393
茶白毒蛾 *Arctornis alba*	0.0767	黑蚱蝉 *Cryptotympana atrata*	0.0393
杨扇舟蛾 *Clostera anachoreta*	0.0698	茶蚜 *Toxoptera aurantii*	0.0393
美国白蛾 *Hyphantria cunea*	0.0500	斜纹夜蛾 *Prodenia litura*	0.0340

（续）

2015 年		2016 年	
种名	优势度	种名	优势度
黄刺蛾 *Cnidocampa flavescens*	0.0500	突背斑红蝽 *Physopelta gutta*	0.0340
柿广翅蜡蝉 *Ricania sublimbata*	0.0488	茶翅蝽 *Halyomorpha picus*	0.0288
茶蓑蛾 *Clania minuscula*	0.0477	茶白毒蛾 *Arctornis alba*	0.0262

三、油茶园灯下昆虫群落多样性动态

从图 8-1 可以看出，物种数量集中在 6、7、8 三个月份，两年均在 7 月达到最高值，分别为 37 和 34 种，5 月物种数最少。Simpson 指数两年整体波动不大，2015 年为 6 月最高，达 0.9244，2016 年为 8 月最高，达 0.9573。均匀度指数波动也较为平稳，2015 年为 6 月最高，达 0.8213，2016 年为 8 月最高，达 0.9337。Shannon 多样性指数 2016 年整体上要高于 2015 年，2015 年为 6 月最高，达 4.1067，2016 年为 7 月最高，达 4.3994。

昆虫群落多样性特征指数是用来测定昆虫群落结构的重要指标，它不仅反映了群落中物种的丰富度和均匀度等，而且还可以通过结构与功能的关系间接反映群落功能的特征。通过 2015—2016 年连续两年的调查，信阳市油茶园灯下昆虫主要集中在 6、7、8 三个月份，Shannon 多样性指数 2015 年为 6 月最高，达 4.1067，2016 年为 7 月最高，达 4.3994，明显高于其他地区，群落的稳定性较好。这可能是由于信阳市油茶园大多为中幼林，采取自然的管理模式，很少使用农药，虽然有部分害虫危害，但有害不成灾，此外，灯下还诱集到黄缘青步甲 *Chlaenius spoliatus*、中华婪步甲 *Harpalus si-*

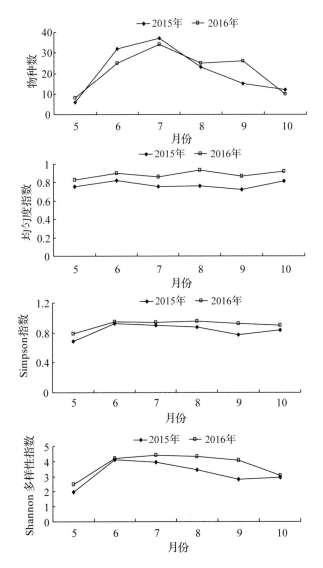

图 8-1　信阳油茶园灯下昆虫群落物种数、Simpson 指数、均匀度和 Shannon 多样性指数季节动态

nicus、中华虎甲 *Cicindela chinenesis*、桑螟聚瘤姬蜂 *Gregopimpla kuwanae* 等天敌昆虫，大量存在的天敌昆虫一定程度上抑制害虫的发生，关于信阳市油茶园害虫与天敌动态关系有待进一步研究。

趋光性是大多昆虫，特别是油茶害虫的重要生物学特性，利用昆虫趋光性进行害虫监测与防治是害虫测报重要方法之一。通过调查，信阳市油茶园害虫种类较多，但普遍危害较轻，特别是中幼林害虫危害率更低。近些年，随着信阳市油茶栽植面积的逐渐增加，如桃蛀螟、星天牛、茶蓑蛾、柿广翅蜡蝉等害虫危害日益突出，本研究采用诱虫灯诱集的方法，长期对油茶园昆虫群落变化动态进行监测，对油茶园害虫的预测预报及害虫防治时机提供依据。在研究中发现，诱虫灯不但诱集到害虫，而且还诱集到了一定的天敌昆虫，关于诱虫灯诱杀部分天敌一直是应用与否的争论焦点之一，在油茶园内长期灯诱可能存破坏天敌与害虫种群数量动态平衡的可能。因此，应根据实际情况选择适宜波长的诱虫灯进行监测、防治，同时应结合其他方式进行综合防治。

第二节　油茶主要病害及防控措施

一、油茶炭疽病

1. 分布与危害

在信阳市油茶各产区均有发生，其中以商城县和新县最为严重，引起严重落果、病蕾和枝干枯死、树干溃疡，此外，还危害叶片，造成落叶、芽。一般可使油茶果损失

20%，高的达 40%以上，晚期病果虽可采收，但种子含量仅为健康种子的一半。

图 8-2　油茶炭疽病危害果实症状

2. 症状

油茶炭疽病发病的明显特征是以果实为主。其病斑黑褐色，病斑中央小黑点排列呈明显的或不明显的同心轮纹（即病原分生孢子盘），在湿度大时出现淡红色菌脓，这些症状区别于其他的病菌。油茶以果实受害最重。果皮的病斑初期出现褐色小点，后逐渐扩大成黑褐色圆形病斑，发生严重时全果变黑。发病后期病斑凹陷，出现多个轮生的小黑点，为病菌的分生孢子盘，在雨后或露水浸润后，产生粉红色的分生孢子堆。接近成熟期的果实，病斑容易开裂。油茶梢部病斑多发生在新梢基部，呈椭圆形或梭形，略下陷，边缘淡红色，后期呈黑褐色，中部带灰色，有黑色小点及纵向裂纹。叶片受害时，病斑常于叶尖处或叶缘发生，呈半圆形或不规则形，黑褐色或黄褐色，边缘紫红色，后期呈灰白色，内有轮生小黑点，使病斑呈波纹状。花蕾病斑多在基部鳞片上，不规则形，黑褐色或黄褐色，后期灰白色，上有小黑点。

3. 病原及发生规律

病原菌无性阶段由真菌中的半知菌亚门腔孢纲黑盘孢目黑盘孢科的胶孢炭疽菌 *Colletorichum gloeosporiodes* 所致，有性阶段为围小丛壳菌 *Glomerella cingulata*。病原菌主要以菌丝在油茶树各受害部位越冬，次年春季温湿度适合时，产生分生孢子。翌年春季，该病的分生孢子或子囊孢子借助风雨传播到新梢、嫩叶上，再侵染果实等器官。病害终年都有发生，油茶各器官在一年中的被害顺序是：先嫩叶、嫩梢，接着是果实，然后是花芽、叶芽。气象因子的变化与病害的发展有着密切的关系，其中以温度为主导因子。湿度和雨量在一定的温度基础上，起着促使病害发展的作用。初始发病温度为 18~20℃，最适温度 27~29℃。夏秋季间降雨量大，空气湿度高，病害蔓延迅速。油茶林立地条件与病害的发生也有关系，阳坡、山脊和林缘比阴坡、山窝和林内的发病重；土壤瘠薄和冲刷严重的茶山上发病也重。果实炭疽病一般发生于 5 月初，7~9 月为发病盛期，并引起严重的落果现象，9~10 月病菌危害花蕾。不同油茶品种和单株抗病性不同，一般小叶油茶和攸县油茶的抗病性大于一般油茶，普通油茶中的寒露籽大于霜降籽。

4. 防控措施

选育抗病良种是防治油茶炭疽病的根本措施。调整林分结构，保持油茶林适宜的密度，使通风透光，降低林内湿度，发病期不宜多施氮肥，应增施磷、钾肥，以提高植株抗病力。清除病源，尽可能减少初次侵染来源，于冬春砍除重病株，在冬春结合修剪，剪除病枝并摘除病叶、病果。病区进行药剂防治，收果后和幼果开始膨大时可喷洒 50% 多菌灵可湿性粉剂 500 倍液；在早春新梢生长后，喷洒 1%波尔多液，保护新梢、新叶；在发病初期，用 50%托布津可湿性粉剂 500～800 倍液或 10%吡唑醚菌酯 500 倍液或 25%嘧菌酯悬浮剂 800 倍液进行喷雾；在果实发病高峰期前(约 6 月底)开始喷洒 50%多菌灵可湿性粉剂 500 倍液，每 10 天喷 1 次，连喷 4 次，或用 1：1：100 波尔多液+1%～2%茶枯水，每 15 天喷 1 次，连喷 3 次。

二、油茶软腐病

1. 分布与危害

油茶软腐病又称油茶落叶病、叶枯病。在信阳市油茶产区均有分布，其中以新县较为严重。主要危害油茶叶片和果实，也能侵害幼芽嫩梢，引起软腐和落叶、落果。发生严重时，受害油茶树叶片、果实大量脱落，严重影响油茶树生长和结果。油茶软腐病在成林中呈块状发生，单株受害严重。油茶软腐病对油茶苗木的危害尤为严重，在病害暴发季节，往往几天内成片苗木感病，引起大量落叶，严重时病株率达100%，严重受害的苗木整株叶片落光而枯死。

2. 症状

受害叶片初在叶尖、叶缘或叶中部出现黄色斑点，后扩大为黄褐色或黑褐色圆形或半圆形病斑。雨天病斑扩展迅速，叶肉腐烂，仅剩表皮，呈典型的"软腐型"，病叶脱落。秋天病叶扩展慢，病斑中心呈淡至深褐色，外围有几道紫褐色细线隆起的轮纹，呈"枯斑"，与油茶炭疽病病斑相似，这种病叶不脱落，留在树上越冬后期，病斑上生出多数近白色或淡黄色小油茶软腐病危害叶片症状颗粒，为病菌的分生孢子座，呈蘑菇状，称为"蘑菇菌体"。感病果实病斑同病叶，亦与油茶果实炭疽病病斑相似，但色泽较浅，病部组织腐烂，病斑呈不规则开裂。病果易脱落。病果上也有蘑菇菌体。幼芽嫩梢受害后，变淡黄褐色而枯萎。

3. 病原及发生规律

病原菌无性阶段是真菌门半知菌亚门丝孢纲丛梗孢目的油茶伞座孢菌 *Agaricodochium camellia*，在通风、湿润、干湿交替气候条件下，病斑上可产生小蘑菇形分生孢子座，半球形，有短柄，近白色到淡灰色，容易脱落传播，具有很强的侵染力。病原菌以菌丝体和未发育成熟的蘑菇形分生孢子座在病叶、病果越冬。翌年春季气温达到 13℃、相对湿度85%时开始发病，4~6 月为发病盛期，在多雨年份，10~11月可能出现第 2 个发病高峰，一般是树丛下部叶片特别是根际萌条上的嫩叶先发病。果实于 6 月开始发病，气温低于10℃或高于 35℃、相对湿度低于 7%，发病轻或不发病；雨天发病重；密林或潮湿地段发病重。排水不良、杂草丛生的圃地上苗木发病也重。山凹洼地、缓坡低地、油茶密度大的林分发病比较严重；管理粗放，萌芽枝、脚枝丛生的林分发病比较严重。

4. 防控措施

在油茶新种植区，加强检疫，避免从病区调入种苗或接穗，避免从病树上采种。加强培育管理，提高油茶林的抗病能力。改造过密林分，适度整枝修剪、去病留健、去劣留优。冬季结合油茶林垦复，清除树上或地面的病叶、病果和病枝，消灭越冬病菌，减少下年侵染源。化学防治以治早为宜，在春梢展开后，喷施 1:1:100 波尔多液。雨水多、病情重的林分、5 月中旬到 6 月中旬再喷 1~2 次。发病时，可用 10% 吡唑醚菌酯 500 倍液或 25% 嘧菌酯悬浮剂 800 倍液进行喷洒。

三、油茶肿瘤病

1. 分布与危害

在信阳市各油茶产区均有分布，其中新县、商城县、固始县等老油茶林发生严重。油茶被害树枝干上形成数量不等、大小不一的肿瘤，影响寄主正常生长，甚至导致寄主枯死。

2. 症状

该病在油茶树枝、树干上形成数个，甚至数十个、上百个大小不等的肿瘤，轻者导致树势生长衰弱，严重者引起受害枝干上的叶片萎缩、枯死，受害植株显著减产甚至绝收。油茶肿瘤着生在油茶的树干或枝条上，大小不一、形态多样，一般直径 2~10cm，有的表面粗糙开裂。

图 8-3　油茶肿瘤病危害症状

3. 病原及发生规律

引起油茶肿瘤病的原因在不同地区、不同林分不尽相同。有的是寄生性种子植物所致，有的可能与茶吉丁虫、蓝翅天牛等昆虫危害有关，有的可能由根癌细菌引起，有的可能由一些生理因素引起。

油茶幼树、老树都可发病，以老油茶林发病较多；病害多数零星分布或呈团状分布，很少成片发生，但发病植株一般都比较严重；尤其是荫蔽、湿度大，荒芜的林分发病严重。

4. 防控措施

可根据不同的发病原因采取相应的防治措施。彻底清除油茶林中的寄生性种子植物及受害枝条，然后集中烧毁。及时防治害虫，可在成虫盛期喷洒90%晶体敌百虫1000倍液。加强抚育管理，及时进行修剪，剪除被害枝条；在主干、根颈部涂白进行预防。

四、油茶叶肿病

1. 分布与危害

油茶叶肿病，别名茶树泡状叶枯病、叶肿病、茶白雾病。信阳市各油茶产区均有发生，危害率在30%左右，严重影响挂果。主要危害嫩叶、嫩茎、新梢、花蕾、果实和叶柄，严重时会影响油茶产量及品质。

2. 症状

花芽感病后，子房及幼果膨大成桃形。叶芽或嫩叶受害后呈肥耳状。在新油茶林发病形态以"茶苞"为主，在老油茶林发病形态以"茶桃"为主。

图 8-4　油茶叶肿病危害嫩叶后症状

3. 病原及发生规律

病原病原菌为外担子菌 *Exobasidium vexans*，属担子菌亚门担子菌纲外担菌目外担菌科外担菌属真菌。病斑背部隆起部分的白粉状物是该菌的子实层，灰白色，由很多个担子聚集形成。担子圆筒形或棍棒形，基部较细，顶端略圆，单胞、无色，担子间无侧丝，在寄主角质层下形成，后外露。顶生 2~4 个小梗，每个小梗上生 1 个担孢子。担孢子倒卵形、长椭圆形或肾形，单胞、无色，发芽前产生中隔，变为双胞，发芽时每胞各生 1 芽管，侵入寄主。病菌以菌丝体在寄主组织内越冬或越夏。该病属低温高湿型病害，平均气温在 15~20℃，相对湿度 85% 以上时，阴雨多湿的条件有利于发病，一般春茶期 3~5 月和秋茶期 9~10 月间发生严重。信阳市一般发生于 5~9 月，5 月上旬或秋季，菌丝开始生长发育产生担孢子，随风、雨传播初侵染，在水膜的条件下萌发，侵入后经 3~18 天潜育，形成新病斑，然后其上长出子实层芽管直接由表皮侵入寄主组织，在细胞间扩展直至病斑背面形成子实层。担孢子成熟后又飞散传播进行再次侵染。

4. 防控措施

加强苗木检疫，严防茶饼病通过茶苗调运进行传播。增施磷钾肥，增强茶树抗病能力。清除杂草，剪除茶树病枝、枯枝，改善茶园通风透光性；摘除病叶、病梢后带离茶园销毁。发生期间，喷洒 70% 甲基硫菌灵或 20% 三唑酮乳油 1000~1500 倍液。

第三节　油茶主要虫害及防控措施

一、茶梢尖蛾

1. 分布与危害

在信阳市各个油茶产区均有分布。以幼龄幼虫潜食叶肉，形成半透明淡黄色的虫斑，直径 3~5cm。长大后由叶片迁至枝梢内蛀食嫩梢凋萎枯死，枯死梢长达 60~80cm。被害枝梢枯死后又可转移其他梢危害，一条幼虫可以危害多个枝梢。茶梢蛾为害可使油茶减产 1/3~2/3，严重影响油茶的生长和产量。

2. 生活习性

在信阳市 1 年 1 代，以幼虫在老叶或枝梢内越冬。自 4 月开始，当日均气温上升到 14℃ 左右，幼虫便从叶片中钻出，转移到嫩梢上蛀害。幼虫多从梢顶或芽腋间蛀入枝梢。

3. 防治方法

加强检疫。茶梢尖蛾自身活动能力有限，主要靠苗木运输传播。茶梢蛾在枝梢内越冬，在羽化前的冬春季节进行油茶修剪，修剪的深度以剪除幼虫为度，剪下的茶梢叶片要集中油茶林外处理，进行烧毁或深埋；根据茶梢蛾成虫具有趋光性强的特性，利用黑灯光诱杀效果良好；在幼虫孵化后至转蛀枝梢越冬前及时进行化学防治。药剂可选用2.5%溴氰菊酯乳油1000倍液，或40%乐果乳油1000倍液。3月中、下旬越冬幼虫转蛀时，用含孢子 2×10^8 个/ml的白僵菌喷雾或喷粉，防治效果可达85%左右。

编者在商城县林业科学研究所油茶试验地进行药效试验。选用3种药物，试验中将供试药剂分别稀释1000倍液、2000倍液和3000倍液。采用随机抽样的方法进行效果检查，在每个样地抽查20株，分别按东、西、南、北4个方位各抽查50个主侧梢，统计受害梢的个数，计算被害率。从表8-3可以看出，在施药1个月左右，各种药物的防效达到最高，其中2.5%溴氰菊酯乳油1000倍液明显高于其他药物（ $P<0.05$ ）。

表8-3　茶梢尖蛾防效调查表

药剂	稀释倍数	被害梢防效(%)		
		5月1日	5月15日	5月30日
90%敌百虫晶体	1000	58.2c	59.9d	55.6c
	1500	57.5c	58.6d	55.2c
40%乐果乳油	1000	68.5b	69.5cd	66.3bc
	1500	68.4b	69.5cd	65.8bc
2.5%溴氰菊酯乳油	1000	73.5a	78.1a	70.2a
	1500	70.4bc	69.7bc	65.2ab

注：同列数据后不同字母表示有显著差异（ $P<0.05$ ）。

二、茶蓑蛾

1. 分布与危害

信阳市油茶各产区均有分布，每年发生 1~2 代。幼虫在护囊中咬食叶片、嫩梢或剥食枝干、果实皮层，1~2 龄幼虫咬食叶肉，留下一层表皮，被害叶片形成半透明枯斑；3 龄后咬食成孔洞或缺刻。

2. 生活习性

一年 1~3 代，多以 3~4 龄幼虫在枝叶上的护囊内越冬。成虫在下午羽化，雌成虫羽化后仍留在护囊内，雄蛾喜在傍晚或清晨活动。幼虫孵化后从护囊排泄孔爬出，随风飘散到枝叶上，吐丝黏缀碎叶营造护囊并开始取食。1~3 龄幼虫多数只食下表皮和叶肉，留上表皮成半透明黄色薄膜，3 龄后咬食叶片成孔洞或缺刻。幼虫老熟后在护囊里倒转虫体化蛹在其中。

3. 防治方法

人工摘除护囊；利用黑光灯诱杀成虫；幼虫期喷洒灭幼脲 3 号悬浮剂 2000 倍液，或除虫脲悬浮剂 7000 倍液；保护天敌蓑蛾疣姬蜂、松毛虫疣姬蜂等天敌，喷施 1×10^8 个/ml 的杀螟杆菌进行生物防治。

三、柿广翅蜡蝉

1. 分布与危害

信阳市油茶各产区均有分布，主要分布在光山县。以成虫、若虫密集在嫩梢与叶背吸汁，造成枯枝、落叶、落果、树势衰退。雌成虫产卵于枝条内，造成枝条损伤开裂，易折断。其排泄物还易导致煤污病，严重影响油茶的生长及产量。

2. 生活习性

柿广翅蜡蝉一生经过卵、若虫和成虫 3 个阶段，属于渐变态昆虫，成虫和若虫均吸汁危害，一般一年发生 2 代，以卵在寄主的枝条皮下越冬。该虫成若虫均刺吸油茶树的嫩梢、叶芽和花蕾的汁液，导致新梢生长发育不良、叶芽发黄脱落、花蕾枯萎。若虫期体背和腹末分泌白色蜡质，排泄蜜露，污染叶片和枝梢，引起病害的发生。成虫用产卵器刺破枝条韧皮部产卵，阻止油茶树水分和养分的正常输送。柿广翅蜡蝉产卵对油茶树造成的直接伤害超过了取食危害，且该虫发生期早，持续时间长，严重影响了油茶树的生长。

图 8-5　柿广翅蜡蝉若虫

图 8-6　柿广翅蜡蝉成虫

3. 防治方法

加强农业防治，冬季至初春，应清理茶园，合理增施肥料，适时进行修剪；保护和利用天敌，如异色瓢虫、龟纹瓢虫和中华草蛉等；在若虫盛孵期喷施 10% 吡虫啉可湿性粉剂 1500 倍液或 48% 乐斯本乳油 3000 倍液，效果显著。

四、桃蛀螟

1. 分布与危害

在信阳市各油茶产区均有分布，通过幼虫在果内取食种仁，导致油茶落果。桃蛀螟自果柄蛀入果内取食种仁，造成茶果果柄干枯、茶果开裂，8~10 月间大量脱落。受害茶果大小不一，果柄处有明显的蛀食痕迹，大量虫粪被幼虫侵入时所吐的丝黏附于果表。幼虫侵入后，茶果颜色变成棕黄色，危害后期茶果裂开，果内种仁取食殆尽，虫丝密布，充满虫粪。

2. 生活习性

1 年 4 代。幼虫侵入后，油茶果颜色变化明显，由原来的绿色或棕红色变成棕黄色至干枯，危害后期油茶果裂开，果内种仁被取食殆尽，仅留下果皮，虫丝密布，充满了虫粪。桃蛀螟幼虫常躲于粪粒及虫丝附着物中取食与越冬。1 个油茶果内常有 1~2 头幼虫同时危害，个别油茶果中发现 4 头。一个接近成熟的油茶果一般都可满足蛀入其内的幼虫取食需要，但幼虫密度过高或油茶果个头过小时，幼虫则转果危害。

3. 防治方法

加强田间管理，及时清理虫果，集中处理；利用诱虫灯、糖醋液或性外激素诱杀成虫；危害严重时，可喷施 3% 高渗苯氧威乳油 3000 倍液。

图 8-7　桃蛀螟幼虫

图 8-8　桃蛀螟危害茶果症状

五、铜绿丽金龟

1. 分布与危害

在信阳市各油茶产区均有分布，成虫取食油茶幼嫩枝叶，形成不规则的缺刻或孔洞，严重时仅留叶柄或粗脉，幼虫取食根系。

图 8-9　铜绿丽金龟

2. 生活习性

1 年发生 1 代，以 3 龄幼虫在土中越冬，次年 4 月上旬上升到表土危害，5 月间老熟化蛹，5 月下旬至 6 月中旬为化蛹盛期，5 月底成虫出现，6、7 月间为发生最盛期。

3. 防治方法

加强管理，中耕锄草、松土；人工防治。利用成虫的假死性，早晚振落捕杀成虫；灯光诱杀成虫，利用成虫的趋光性，当成虫大量发生时，利用黑光灯大量诱杀成虫；利用趋化性诱杀成虫，利用成虫对糖醋液有明显的趋性进行诱杀；成虫发生期喷施 50% 杀螟硫磷乳油 1500 倍液，也可表土层施 75% 辛硫磷乳剂 1000 倍液，施后浅锄入土，可毒杀大量潜伏在土中的成虫；生物防治，利用天敌(各种益鸟、步甲)捕食成虫和幼虫，也可利用性信息素诱捕成虫。

附件1：

信阳市人民政府
关于推进油茶产业高质量发展的意见

各县、区人民政府，市政府各部门：

近年来，我市把油茶产业作为带动群众致富的重要抓手，稳步发展，助推了农业强、农村美、农民富。但是，仍然存在着油茶低产林较多、精深加工滞后、市场没有打开等问题，综合效益没有充分显现出来。为贯彻落实习近平总书记考察调研河南深入信阳革命老区重要讲话精神，进一步加快我市油茶产业高质量发展，现提出如下意见。

一、总体要求

(一)指导思想。以党的十九大和十九届二中、三中、四中全会精神为指导，深入贯彻习近平总书记系列重要讲话，特别是2019年9月习近平总书记考察调研河南深入信阳革命老区重要讲话精神，大力培育油茶资源，壮大产业规模，提高发展质量，充分发挥油茶产业在助推脱贫攻坚和乡村振兴中的重大作用。

(二)基本原则。按照生态发展空间和群众传统习惯，以南部海拔500米以下的低山和中部丘陵为主，重点布局新县、光山县、商城县、罗山县、浉河区。坚持政府引导、市场主导、政策扶持、社会参与的原则，调动广大农民、企业发展油茶的积极性；坚持科技创新、强化管理，大力推广新品种、新技术，促进油茶产业高产、优质、高效；坚持新造为主、新造与改造相结合，稳步推进高产油茶林基地建设；坚持基地化发展与产业化经营相结合，延伸产业链，提升油茶精深加工水平，提高油茶产业附加值，带动农民增收致富。

（三）发展目标。加快油茶良种育苗基地建设，新造林和改培良种使用率达到100%。到2025年，新造高产油茶林20万亩，逐步改造现有老油茶林20万亩，全市油茶林总面积达到10万亩；大力开展茶油及其副产品精深加工，延长产业链条，扶持重点油茶加工龙头企业，实现油茶产业年综合产值20亿元以上。

二、重点工作

（一）加强油茶基地建设。大力开展油茶良种采穗圃、种苗繁育和种植基地建设。强化种苗质量监管，加快油茶优良品种认定和审定步伐，确保全市油茶种苗质量安全。建设一批丰产优质油茶种植基地，积极引导使用通过国家和省级审定的油茶优良品种。按照"依法、自愿、有偿"原则，有序引导林业龙头企业、专业合作社、家庭林场等新型林业经营主体流转农户林地经营权，大力推广油茶产业"企业+基地+合作社+农户"模式，发展适度规模经营。推进油茶种植基地的基础设施建设，整合水利兴修、农村道路建设、国土整治、农电改造等有关项目，支持建设与油茶种植基地相配套的水、路、电等基础设施。把低产林改造增产作为重点任务加快推进，坚持因地制宜、分类施策、典型带动，打造示范样板。（牵头单位：市林业茶业局；配合单位：相关县（区）人民政府、市发展改革委、市农业农村局、市自然资源规划局、市扶贫办、市水利局等）

（二）重点扶持龙头企业。按照"扶大、扶强、扶优"的原则，整合本地资源，推动本地龙头企业做大做优做强，进一步发挥带动作用。优化对种植和产品精深加工龙头企业的扶持力度，重点在规划、技术、信息等方面提供服务，在基地建设、林地利用、项目资金、金融保险、企业用地等方面提供政策支持。重点扶持企业转型提升，强化企业自身发展能力。鼓励龙头企业主动与国内科研机构、高等院校联合，加强以油脂和茶枯、茶壳为原料的生活用品、林化产品等茶油附属产品的开发，提高油茶产品附加值。支持龙头企业建立原料生产基地，推广"公司+农户"模式，鼓励林农以林地、资金、劳力等入股，创新"林权变股权、林农当股东、保底分红、利益共享"机制，利用龙头企业的技术、资金、市场等优势进行规模经营，与农民建立多种形式的利益共同体，促进油茶生产品种优良化、经营集约化、基地规模化、产品市场化。(牵头单位：市林业茶业局；配合单位：相关县(区)人民政府、市自然资源规划局、市发展改革委、市农业农村局、市工业和信息化局、市科技局等)

(三)拉长油茶产业链条。根据油茶林地形地势、土肥结构、种养习惯、造林年份等发展林下种植、林下养殖和生态旅游，推动精深加工、旅游观光、文化体验融合发展，大力发展种苗繁育、产品研发、精深加工销售、有机肥生产等主导产业及生物制药、油茶文化体验、康体养生等关联产业。着力开发油茶文化旅游，让游客品茶油、赏茶花、饮茶蜜、体验古法榨油、了解油茶民俗文化。打好健康养生牌，宣传推广信阳茶油，与信阳菜融合提升、相互促进。(牵头单位：市林业茶业局；配合单位：相关县(区)人民政府、市发展改革委、市农业农村局、市文化广电旅游局、市卫生健康委等)

(四)大力提升市场竞争力。整体打造具有信阳特色的"大别山生态茶油"品牌，不断提高信阳茶油知名度和市场占有率。充分利用电商平台线上销售。以申报"国家地理标志保护产品""国家地理保护商标"和创建全国知名品牌等为契机，提升知名度。(牵头单位：市林业茶业局；配合单位：相关县(区)人民政府、市发展改革委、市农业农村局、市文化广电旅游局、市市场监管局、市商务局等)

(五)加大科技支撑力度。以信阳市林业科学研究所、信阳市农业科学院、新县羚锐油茶研究院、信阳农林学院为技术依托，整合油茶产业技术研究科技资源，深化与油茶企业的产学研合作，积极开展科研攻关。加强油茶优良品种选育，对选育并通过国家和省级审定的油茶优良品种，依据绩效给予选育人适当奖补。鼓励科研人员开展油茶精深加工、副产品综合利用以及油茶生产专用机械(具)、肥料等技术研发。加强油茶科技人才培养和先进实用技术推广，培养一批油茶"乡土专家"，做到县有技术专家、乡有技术骨干、村有技术能人。大力培育油茶造林、管护等专业技术服务公司，提高油茶种植专业化水平。(牵头单位：市林业茶业局；配合单位：相关县(区)人民政府、市科技局等)

三、政策保障

(一)完善财政支持政策。从 2020 年起，市、县财政根据财力设立油茶产业发展专项资金，扶持全市油茶产业发展。依法落实有关税费减免或优惠政策，符合条件的油茶企业可按政策规定享受贴息和农业保险政策。(牵头单位：市财政局；配合单位：相关县(区)人民政府、市发展改革委、市税务局、市林业茶业局、信阳银保监分局等)

(二)多渠道争取项目资金支持。加大项目谋划争取力度，围绕《大别山革命老区振兴发展规划》《淮河生态经济带发展规划》谋划推进一批油茶发展项目，加大资金争取力度，积极争取国家和省财政投资用于油茶新造林补助、良种苗木繁育基地基础设施建设、优质高产新品种推广示范、低产油茶林改造、技术培训等。充分利用国家储备林项目，支持油茶产业的发展。(牵头单位：市发展改革委；配合单位：市林业茶业局、市财政局、市金融工作局等)

(三)加强金融信贷支持。引导银行业金融机构创新贷款方式，积极开发与油茶产业相适应的油茶贷款业务，创新保单质押、订单质押、林权抵押贷款等产品和商标专用权质押融资贷款，建立面向广大林农的油茶小额贷款扶持机制。加快推行高产油茶林林权抵押贷款，进一步简化贷款审批程序，加大信贷投放力度。用好银行业信贷资金，引导扶贫小额信贷支持贫困地区和贫困户发展油茶产业，对以"公司+农户"形式新造高产油茶基地的企业，优先给予贴息贷款扶持。强化政府增信，按照政府引导、市场化运作模式，充分发挥现有投融资平台作用。积极争取"欧洲投资银行贷款河南省森林资源发展和生态服务项目"的信贷资金，用于发展油茶产业。（牵头单位：市金融工作局；配合单位：相关县（区）人民政府、市发展改革委、市财政局、市林业茶业局、人行信阳市中心支行、信阳银保监分局、各金融机构等）

四、组织领导

市政府成立油茶产业发展领导小组，市政府主要领导任组长，常务副市长、分管副市长任副组长，相关单位主要负责同志为成员，领导小组办公室设在市林业茶业局，具体负责全市油茶产业发展的组织协调和日常管理工作。各县（区）也要成立相应的组织机构，切实加强组织领导和协调，确保工作顺利开展。相关部门要同心协力、密切配合、形成合力，确保各项政策措施落实到位，共同推动油茶产业发展。新闻媒体要大力宣传油茶产业发展的政策、技术和典型，宣传油茶产品，为油茶产业发展营造良好氛围。

附件：信阳市油茶产业发展领导小组成员名单（略）

信阳市人民政府

2019 年 12 月 23 日

附件 2：

中共信阳市委　信阳市人民政府
印发《关于加快油茶产业高质量发展的
实施方案》的通知

各县区党委和人民政府，市委各部委，市直机关各单位，市管各管理区、开发区和大中专院校，各人民团体：

现将《关于加快油茶产业高质量发展的实施方案》印发给你们，请结合实际认真贯彻落实。

中共信阳市委

信阳市人民政府

2021 年 10 月 22 日

关于加快油茶产业高质量发展的实施方案

油茶是我国特有的木本油料树种，信阳市是油茶分布的北部边缘地区。发展油茶产业，健康价值突出、生态价值明显、经济价值显著，是推动乡村产业振兴、实现共同富裕的重要抓手。要全面贯彻落实习近平总书记视察河南深入信阳革命老区提出的"路子找对了，就要大胆去做"重要指示，坚持"项目化、产业化、工程化、信息化、方案化"工作法，按照"上规模、提质效、创模式、建链条、树品牌、强支持"总体思路，通过政府主导、市场引领，推动油茶产业高质量可持续发展。到 2025 年，全市油茶种植面积力争翻一番、达到 200 万亩，油茶产业综合产值力争翻两番。

一、推动油茶种植扩面提质

（一）建设油茶良种育苗基地。筛选确定适宜本地种植的优良品种，2022 年建成 830 亩苗圃基地、800 亩采穗圃基地。全面推行定点采穗、定点育苗、定单生产、定向供应，品种清楚、种源清楚、销售去向清楚"四定三清楚"机制。（责任单位：市林茶局）

（二）扩大高产优质油茶种植规模。4 年新造 100 万亩油茶林，统筹安排年度目标任务，2022 年新造 10 万亩油茶林，2023 年、2024 年、2025 年分别新造 30 万亩油茶林。通过 5 年时间全面完成现有低产林改造任务，按照因林、因地制宜的原则，区别天然老油茶林及人工低产油茶林的情况，根据不同的林地类型和林分质量，逐山逐块确定改造措施，分类进行指导。对改革开放以来至 2009 年种植的低产油茶林，进行以高接换冠为主的改造提升；对 2009 年以来种植的油茶低产林，进行以疏密、嫁接、修剪、垦复为主的改造提升。（责任单位：市林茶局）

（三）打造油茶种植示范基地。按照主体多元、形式多样、服务专业、竞争充分的原则，积极推广农业生产托管为主的社会化服务模式，打造一批精通油茶种植、管理、销售的新型农业生产社会化服务组织。新县、商城县、光山县分别打造 5 个以上千亩油茶标准化示范基地，罗山县、固始县等县区新建 5 个以上 500 亩油茶高产示范基地。完成光山县省级现代农业产业园建设任务，争创国家级现代农业产业园。新县、商城、罗山等县积极创建省市级油茶现代农业产业园。（责任单位：市农业农村局）

（四）完善油茶种植支持政策。积极争取并统筹使用中央、省、市、县财政支农项目资金，力争对新造油茶林每亩补助标准提高到

1500 元以上，改造低产低效油茶林每亩补助标准提高到 1000 元以上。实行财政补贴的特色农业保险制度，增强油茶产业链风险防范和抵抗能力。加强与省农业综合开发有限公司等的合作，成立 5 亿元市县油茶产业发展基金，以股权投资的形式跟投油茶产业龙头企业和法人化的合作社。结合创建国家绿色金融改革创新试验区，包装一批能够独立核算的信阳油茶升级改造的绿色项目，建立信阳市绿色企业(项目)库，引导金融机构开发绿色金融产品和服务，提高我市绿色金融占比。积极发展油茶林碳汇产业。(责任单位：市财政局、市相关国有企业、市发改委、市金融工作局)

二、推动油茶产业延链补链强链

(一)实现"吃干榨尽"。合理规划、统筹布局茶油加工产能。规范油茶产业产前、产中、产后标准化建设，实现油茶无公害、绿色、有机生产和加工。全面推广"低温冷榨"等先进加工工艺，打造一流品质。大力开展茶枯、油茶壳、油茶花、油茶叶、油茶根等综合利用，开发茶油新产品以及保健、护肤、皂素、活性炭、中成药等高附加值产品。积极引导企业在油茶重点县(区)建设产品初加工基地，加强对油茶产品的冷链、仓储物流和交易市场(平台)等配套设施建设。协调组织油茶科研单位、油茶企业、装备制造企业联合科技攻关，提高油茶全产业链机械化水平。(责任单位：市工信局、市科技局)

(二)实施多业态融合。因地制宜发展油茶林下经济，在油茶幼林地套种香料、中药材、食用菌等经济品种，在成熟油茶林中发展林下养殖，打造"油茶一林下种植一林下养殖"相结合的立体循环模式。加快茶旅融合发展，打造一批农家乐、精品民宿、油茶文化特色小镇和田园综合体，培育生态旅游新增长点。对百年树龄的老油茶林进行保护性改造提升，努力打造油茶植物博览园。鼓励司马光油茶园等大型油茶种植基地拓宽业务范围,打造义务教育阶段学生课外活动基地、在校大学生教学实习基地、订单农业体验基地和现代林业示范基地。(责任单位:市农业农村局)

(三)培育龙头企业。坚持"扶优、扶强",按照"13710"工作制度及时解决龙头企业发展中遇到的资金、土地、人才供电、供气、技术等问题。油茶产业发展基金以股权投资形式支持龙头企业扩大生产、行业整合,打造一流企业,增强龙头企业对油茶产业的支撑带动作用。有针对性地招引一批优强油茶企业,采取股份合作、联合经营、易地发展等方式打造龙头企业。(责任单位:市工信局)

(四)赋能行业协会。以深化行业协会去行政化改革为引领,充分发挥市油茶协会在推动油茶产业高质量发展中的重要作用。市油茶协会承担"信阳茶油"区域公用品牌申建任务,对公用品牌授权产品全面实行"身份证"管理和赋码标识,建立健全油茶全产业链标准化体系。(责任单位:市政府有关部门)

三、强化油茶产业发展支撑体系

(一)加强油茶科技创新。建立与油茶产业发展相适应的种苗培育、茶园管护、病虫害防治、生产加工、市场营销等专业化人才队伍,开展良种良法技术下乡服务。依托信阳农林学院申建河南省油茶种质资源创新与开发利用重点实验室。(责任单位:市科技局、信阳农林学院)

(二)创新投融资模式。坚持政府主导、市场化运作,建立完善由政策性金融(绿色金融)支持、龙头企业+基地或法人化合作社+基地具体实施、农户最终受益的投融资模式,完善利益联结机制,努力探索农民共同富裕新路径。(责任单位:市发改委)

(三)品牌示范推广。全力创建"信阳茶油"区域公用品牌,规范层级品牌运营体系,逐步构建以"信阳茶油"公用品牌为引领,县域特色品牌、企业知名品牌为一体的品牌体系。宣传好信阳茶油的差异化优势，讲好古树茶籽、古法榨取、最北缘产区独特气候环境、油品营养成分优势等品牌故事。在人流量集中区域建立品牌示范推广店，在央视等主流媒体、抖音等新媒体、重要交通枢纽投放广告，提高"信阳茶油"知晓率和市场影响力。（责任单位：市油茶协会）

四、提高油茶产业发展信息化水平

（一）产品溯源信息化。积极开展"三品一标"认证工作，建立网络查询体系，整合应用物联网、一物一码等技术，加快建立"信阳茶油"溯源码系统，实现油茶种植、生产加工、质量检测、物流运输等环节可视化。（责任单位：市市场监管局）

（二）质量追溯信息化。发挥市油茶协会行业优势，统筹协调全市油茶产品质量检验检测机制，提升河南省木本油产品质量监督检测中心(新县)规范运营水平和检测能力，加强对"信阳茶油"安全性和有效成分的检测和解读，提升品牌质量美誉度。开展油茶合作社、企业，农户信息信用认证，上传批次产品有效成分含量结构检测信息，构建全流程、全产业链信息化可追溯体系。（责任单位：市市场监管局，市农业农村局）

（三）销售体系信息化。构建线上线下一体化销售体系，在淘宝、天猫、京东、拼多多、抖音等平台建立全方位的"信阳茶油"线上销售体系，扩大市场覆盖面。引导组织企业积极参加线上线下博览会、交易会、推介会。（责任单位：市油茶协会）

五、加强油茶产业发展组织保障

（一）加强组织领导。成立以市委书记、市长为组长的市油茶产业发展领导小组，办公室设在市林茶局，健全工作机制，强化部门职责，发挥协会作用，形成发展合力。

（二）实施划区定界。做好全市永久基本农田保护红线和生态保

护红线"上图落地"，明确油茶种植适宜区域四至边界，坚决遏制耕地"非农化"。(责任单位：市自然资源规划局)

(三)强化考核奖惩。将油茶产业发展成效列入"争先进位谋出彩"激励问责事项和政府重点工作任务考核范围。(责任单位：信振办、市政府办公室)

附件：县区油茶产业发展预期目标(略)

中共信阳市委办公室

2021 年 10 月 22 日印发

附件3：

油茶良种采穗圃营造技术规程

前　言

本标准按照 GB/T 1.1—2009 给出的规则起草。

本标准由河南省林业厅提出。

本标准参加起草单位：信阳市林业科学研究所、信阳农林学院、潢川县林业局、河南羚锐油茶研究院、光山县诚信实业开发有限公司、光山县林业局。

本标准起草人：邱林、卜付军、张玉虎、申明海、梅继林、鄢洪星、曾凡朴、张琰、周传涛、陈勇、耿逢、张英姿、周宁宁、李凤英、晏燕、杨博、徐猛、江原猛、李月凤、徐玉杰、郑天才。

油茶良种采穗圃营造技术规程

1　范围

本标准规定了油茶良种采穗圃的营造、抚育管理、穗条采集、档案建立。

本标准适用于油茶良种采穗圃的营造与管理。

2　规范性引用文件

下列文件对于本文件的应用是必不可少的。凡是注日期的引用文件，仅注日期的版本适用于本文件。凡是不注日期的引用文件，其最新版本(包括所有的修改单)适用于本文件。

GB/T 15776　造林技术规程

LY/T 1328　油茶栽培技术规程

DB41/T 1229　油茶低效林改造技术规程

3 术语和定义

下列术语和定义适用于本文件。

3.1 专用采穗圃

专门用于生产良种穗条的采穗圃。

3.2 兼用采穗圃

兼顾生产穗条,又能收获果实的采穗圃。

4 采穗圃的营造

4.1 选址

选择交通方便,排灌条件好,坡面整齐、开阔,集中连片,坡度在15°以下,有机质含量在20%以上的壤土或轻壤土,土层厚度50cm以上,pH 6.0~6.5,石砾含量不超过15%的低山丘陵地作为采穗圃地。

4.2 布局与配置

选择经国家或省级林木品种审(认)定的适宜河南生长的优良品种,品种数量3个以上。品种的布局与配置可以成行、成块和成片,以利于生产为主。每个品种(无性系)应树立标牌,标记品种名称(编号)、数量;同时绘制定植图,注明每个品种所在位置和数量。

4.3 新造采穗圃

4.3.1 苗木选择

裸根苗选用2年生嫁接苗,苗高30cm以上,嫁接口基径0.3cm以上;容器苗用1~2年生嫁接苗,苗高12cm以上,嫁接口基径

0.2cm 以上，根系发达，无病虫害。

4.3.2 密度

专用采穗圃栽植密度 1m×1.5m，兼用采穗圃栽植密度 2m×3m。

4.3.3 整地

按 GB/T15776 的规定执行。

4.3.4 挖穴

全垦整地采用矩形或"品"字形的方式定点挖穴；带状整地沿水平带方向依设计株距定点挖穴。穴的规格为 50cm×50cm×50cm。

4.3.5 施基肥

结合挖穴，每株施农家肥 10~15kg 或复合肥 0.3~0.5kg，肥料在穴底与表土充分拌匀。

4.3.6 栽植

栽植时间为 2 月下旬至 3 月中旬。宜选在阴天或晴天傍晚进行。裸根苗用泥浆蘸根栽植，做到苗正、根舒、分层填土压实，根颈应低于地面 2~3cm。塑料袋容器苗要脱袋栽植。定植后浇透定根水，培土成馒头形。

4.4 高接换冠采穗圃

4.4.1 砧木林分选择

选择交通方便、林相整齐、树势旺盛，每公顷密度 1000~1500株，树龄 5~20 年生的林分。

4.4.2 嫁接前准备

在换冠前一年秋冬进行除杂(草)、松土、施肥、疏剪等抚育管理措施，每株沟施复合肥 0.2~0.5kg。

4.4.3 嫁接

见附录 A。

5 抚育管理

5.1 新造圃管理
5.1.1 幼树定形
定干高度为 40~50cm，生长季节对萌芽枝摘心；定植前 3 年主要培养树冠，秋季摘除花芽。

5.1.2 松土除草
每年 3 次。

5.1.3 扶苗培蔸
结合松土除草，扶正倾斜倒伏的植株，在根基培土固定。

5.1.4 垦复
冬季进行，深度为 15~25cm，可与施肥相结合。

5.1.5 施肥
栽植当年不施追肥。次年开始结合抚育施肥。秋冬季以农家肥为主，春季以复合肥为主。采穗后追施一次氮肥。

5.2 换冠圃管理
按 DB41/T 1229 的规定执行。

5.3 病虫害防治
见附录 B。

6 穗条采集

6.1 穗条要求
选用植株中上部粗壮较长的枝条，直径应在 0.15cm 以上；枝条及叶部无病虫害。

6.2 采集时间
嫁接前采集穗条，晴天宜在上午 10：00 前和下午 15：00 点后，阴天可全天采集。

6.3 穗条包装

穗条分品种采集，保鲜袋包装，标明品种名称、采集地、采集日期、采集人等相关信息。

7 档案建立

建立健全采穗圃技术档案，做到记录准确、资料完整、归档及时、使用方便。内容包括采穗圃面积、地形图、品系数量、品种排列定植图、营建过程等的营建档案，种植、营林措施等管理措施档案，以及采穗时间、采穗量、调运去向、生产和经营许可证号等内容的穗条生产档案。记录要求按照 GB/T 15776 的规定执行。

附录 A
（资料性附录）
嫁接方法

A.1 撕皮嵌接法

A.1.1 砧木的接前管理

剪除病虫枝、枯枝、弱枝、过密枝等，结合垦复追施一次氮肥。

A.1.2 接穗的采运和保存

选择发育充实、健壮、腋芽饱满的当年生半木质化枝条；穗条随采随用，运达目的地后要立即摊放在阴湿的地方。

A.1.3 嫁接

嫁接时间：5月下旬至7月上旬。

削砧：在砧木中上部选择粗度在 1.0~3.0cm 的枝条上较平滑的地方作为嫁接部位，用接刀剖成"门"字型，深达木质部，长 2.5cm，宽与接穗粗细相当，自上向下撕开皮部。

削穗：将穗条削成长 2.5cm 左右，芽两端成马耳形的短穗，去掉1/2的叶片，然后在接合面撕去皮部，削的深度一般为枝条粗的1/3左右。

嵌穗：将削好的接穗，嵌入撕开皮部的砧木槽内，再把撕开的砧木皮部，覆盖在接穗的上面。

包扎：嵌穗后，立即用塑料绑带自下而上进行包扎。

加罩：包扎后在接穗部位应加绑一个塑料罩，塑料罩在接芽的方位呈灯笼状。

遮荫：绑扎接穗后，随即罩上遮荫网。

A.1.4 接后管理

剪砧：第 1 次剪砧在接后 40 天左右，剪口距接穗 30cm；第 2 次剪砧在翌年春叶芽萌动前进行，剪口距接穗枝 3~5cm。

解罩与解绑：第 1 次剪砧后 10 天左右即可解罩，解罩最好选在阴天进行。9~10 月，将绑带解除，对还没有抽梢的接芽，可在翌年春进行解绑。

除萌与扶绑：对砧木上的萌条应及时除掉。大树砧嫁接枝应及时扶绑在砧桩上，避免风折。

虫害防治和林地管理：嫁接后接枝易受金花虫、金龟子和象甲等危害，应及时进行药物防治。加强林地土壤肥水管理，进行垦复、除草和追肥等工作。

A.2 拉皮切接法

A.2.1 砧木选择

选择幼林、壮龄林中生长旺盛的油茶低产树。每株选择 2~4 个分枝角度合适、树干较直、无病虫害、直径 4~8cm 的主枝作砧枝。

A.2.2 穗条采集

选择发育充实、健壮、腋芽饱满的当年生半木质化枝条；穗条随采随用，运达目的地后要立即摊放在阴湿的地方。

A.2.3 嫁接时期

5 月下旬至 7 月上旬，秋接 9~10 月。

A.2.4 嫁接方法

断砧：将选好的砧木在离地面 40~60cm 处锯断，每株树保留 2~3 个主枝。

削砧：用利刀将锯口断面削光滑平整，使削面里高外低，略有斜度。

切砧拉皮：依接穗大小和长短，用单面刀片在砧木断口边平滑处向下平行切两刀，深达木质部，然后将皮挑起拉开。

削穗：用单面刀片在穗条芽反面平直向下斜拉长 2cm 左右的切面，切面稍见木质部，接着在叶芽下方斜切 1 个 20°～30°斜面的短接口，呈马耳形，再在芽的上方 0.3cm 处断下接穗。接穗切好后浸入清水中或用湿毛巾包好待用。

插穗：将接穗长切面朝内，对准形成层，紧靠一边插入拉皮槽内，后将砧木上挑起的树皮覆盖于接穗反面切口。

绑扎：用宽 1.5～2.5cm 的薄膜带，自下而上绑扎接穗。在绑带与砧木中间放两根长约 15cm 的竹枝作支撑保湿袋用。

遮阴保湿：接穗绑扎好后，随即套上塑料袋密封保湿，然后用竹笋壳等材料，按东西方向扎在保湿袋外层。

A.2.5　接后管理

接后 30～40 天后接芽基本愈合。当罩内有 40%接芽抽出新梢长 0.2～0.4cm 时选择阴雨天或晴天傍晚拆除薄膜罩。当新梢长至 6cm 长时可完全解绑，解绑后为防风折，应用枝干绑扶。嫁接后每株施尿素、多元素复合肥各 0.5kg。

附录 B
（资料性附录）
油茶采穗圃常见病虫害及防治

油茶采穗圃常见病虫害及防治见表 B.1。

表 B.1　油茶采穗圃常见病虫害及防治

病虫害	危害症状	防治方法
柿广翅蜡蝉 *Ricania sublim-bata* Jacobi	以成虫、若虫密集在嫩梢与叶背吸取汁液，造成枯枝、落叶、落果，雌虫产卵于枝条内，造成枝条损伤开裂，其排泄物还易导致煤烟病	（1）加强林地管理，合理增施基肥，结合修剪，及时清除着卵的枝条和叶片。 （2）若虫 1～3 龄发生期喷洒1.8%阿维菌素 3000 倍液。保护和利用中华草蛉、两点广腹螳螂、异色瓢虫等天敌。 （3）于各代若虫盛孵期喷施10%吡虫啉可湿性粉剂 2000 倍液或48%毒死蜱乳油 3500 倍液
桃蛀螟 *Conogethes punc-tiferalis* Guenee	幼虫自果柄蛀入果内取食种仁，造成茶果果柄干枯、茶果开裂，8～10 天后大量脱落	（1）利用黑光灯、糖醋液或性外激素诱杀成虫。 （2）喷洒苏云金杆菌含孢子数1×10^8 个/ml 的菌液。 （3）在低龄幼虫期喷施 45%丙溴辛硫磷 1000 倍液，或 20%氰戊菊酯 1500 倍液和 5.7%甲维盐 2000 倍混合液

（续）

病虫害	危害症状	防治方法
油茶炭疽病 Colletotrichum gloeosporides Penz	病果初生黑褐色的斑点，以后扩大成圆形、中央灰黑色、边缘黑褐色的病斑，严重时全果变黑；叶上病斑常沿叶缘发生，多呈半圆形，黑褐色，边缘紫红色，后期病斑中心灰白色，内轮生小黑点	（1）清除林间病原，对严重感病植株进行清除。 （2）选用抗病品种，合理安排种植密度，保证通风透光。 （3）早春新梢生长后，喷施1%波尔多液进行预防，发病初期喷施25%嘧菌酯悬浮剂800倍液防治。
油茶软腐病 Agaricodochium camelliae Liu，Wei et Fan	叶上病斑多从叶缘或叶尖开始，侵染点最初出现针尖样大的黄色水渍状斑，中心可见一稍隆起的接种体蘑菇形分生孢子座的遗留物；感病果实最初出现水渍状淡黄色斑点，斑点逐渐扩展成为土黄色至黄褐色圆斑	（1）清除越冬病叶、病果和病枯梢，减少侵染源。 （2）合理种植密度，保证林内通风透光。 （3）喷施1%波尔多液或10%吡唑醚菌酯500倍液
油茶叶肿病 Exobasidium gracile （Shirai）Syd	危害花芽、叶芽、嫩叶和幼果，花芽感病后子房及幼果膨大成桃形，叶芽或嫩叶受害后呈肥耳状	（1）合理林分密度，增加通风透光。 （2）发病期间喷施1%波尔多液，或75%敌克松可湿性粉剂500倍液

附件4：

油茶栽培技术规程

前　言

本标准按照 GB/T 1.1—2009 给出的规则起草。本标准由河南省林业局提出并归口。

本标准起草单位：河南省林业科学研究院、中南林业科技大学、信阳市林业科学研究所、信阳市平桥区林业局、桐柏县林业局、镇平县林业局、郑州新发展基础设施建设有限公司。

本标准主要起草人：丁向阳、尚忠海、白家银、余亚平、姚顺阳、邓全恩、李良厚、赵莲花、李志、张玉虎、涂燕、张柯、夏炎、雷健军、宫润泽、江中海、梁祥鹏、徐自恒。

油茶栽培技术规程

1　范围

本标准规定了油茶栽培的术语和定义、种苗选择、造林、抚育管理、病虫害防治和采收。本标准适用于油茶栽培。

2　规范性引用文件

下列文件对本文件的应用是必不可少的。凡是注日期的引用文件，仅注日期的版本适用于本文件。凡是不注日期的引用文件，其最新版本(包括所有的修改单)适用于本文件。

GB/T8321(所有部分)农药合理使用准则 GB/T 26907 油茶苗木质量分级

LY/T 2680 油茶主要有害生物综合防治技术规程

3 术语和定义

下列术语和定义适用于本文件。

3.1 油茶 *Camellia oleifera* Abel.

常绿小乔木或大灌木，单叶椭圆形，互生，革质，边缘锯齿。花两性，白色或红色，花期 10 月下旬至次年春。蒴果球形或卵圆形，3 室或 1 室，每室有种子 1 粒或 2 粒，种子含油率和产量较高，可用于榨取食用油。

4 种苗选择

4.1 品种选择

品种应选择经过省级以上林木良种审定委员会审定的优良品种。适宜栽培的油茶品种参见附录 A。

4.2 苗木

应选用健壮、均匀、无病虫害的嫁接苗，不应使用实生苗。苗木质量按 GB/T 26907 的规定执行。

5 造林

5.1 造林地选择

造林地应选择年平均气温 15℃以上，极端低温 ≥ -15℃，阳光充足的坡向(东、东南、南、西南)的区域为宜。土壤以 pH 值酸性至微酸性的黄棕壤和黄褐土的低山丘岗地为宜。适宜的垂直分布高度在海拔 600m 以下，海拔相对高 200m 以下，坡度 ≤25°。

5.2 整地

整地宜在秋冬季进行。整地方式可分为全垦整地、带状整地和块状整地 3 种，根据造林地坡度的不同选择相应的整地方式。见表 1。

表 1　不同整地方式和水保措施

林地坡度	整地方式	作业方法	水保措施
平地或 ≤10° 缓坡地	全垦整地	砍除杂草灌，全面挖掘翻，深度 25~30cm，土壤暴晒熟化，机械整地开挖，深度≥40cm	全垦后，沿水平等高线每隔 6~8m 开挖一条 30cm 左右的拦水排水沟
10° ≤坡度 ≤25° 的林地	带状整地	顺坡自上而下沿直线按行距定点沿水平方向环山开垦水平带，由上向下形成水平阶梯，外高内低，带宽 2.5~3m，在垦带上按株距定点挖穴	梯带为内侧低、外缘高的水平阶梯，垦带内侧挖深宽各 20cm 左右的竹节沟
坡度 ≤25°，或水土保持要求较高的水塘水库和交通沿线等地段	块状整地	按株行距确定定植穴，将石块等杂物于穴边下方形成拦水埂，表土和心土分别堆放，填穴时表土在下心土在上	在造林穴 1~1.5m^2 内进行土壤垦作

5.3　栽植

5.3.1　栽植时间

春季栽植。

5.3.2　栽植密度

根据地类条件、品种特性、经营目的来确定，油茶纯林初植密度 999~1142 株/hm^2，株行距 2.5m×3.5~4m。

5.3.3　品种配置

造林时应配置授粉品种，主栽和授粉品种按 8~10：1 配置。油茶面积小于 5hm^2 的林地，应有 4 个以上品系相互配置造林；5hm^2 以上的林地，应有 5 个以上品系配置造林。

5.3.4 栽植方法

挖穴：按株行距定点挖穴，按 60cm×60cm×60cm 规格挖穴，表土和心土分别堆放，先以表土填穴，再以心土覆盖穴面。

施肥：定植前，在穴底施入有机肥或复合肥。每穴施腐熟有机肥 1.5~2kg，或复合肥 0.3kg，肥料混合，表土回填，心土覆盖时应高出地面，以防松土下沉。

定植：埋根时，以不露根、不埋叶且根部不触及肥料为宜，定植后 1 个月检查成活率，死苗缺苗及时补栽。

定干：定干高度以 50~80cm 为宜。

覆盖：植苗后在苗木的四周用薄膜、园艺地布或稻草等进行覆盖。

6 抚育管理

6.1 土肥水管理

6.1.1 从苗木栽植后到始果期，每年松土除草 2 次，第 1 次在 5~6 月间进行，第 2 次在 9 月下旬至 10 月上旬进行。三伏天不宜松土除草。施肥一年 2 次，春施有机肥或复合肥，每株用量 0.1~0.2kg。冬施有机肥或腐熟农家肥，用量 5~10kg/株。

6.1.2 油茶进入盛果期后，每年至少垦复 1 次，3 年深挖 1 次。一般垦复深度 10cm 左右，深挖 20cm 左右，在 7~8 月进行。同时全面清除林内的乔、灌和油茶老残株、病虫株。在林地缺空处补植大苗；过密林去除弱小株。春季施复合肥 0.3~0.4kg/株，或尿素、钙镁磷肥各 0.3kg/株。冬季施有机肥，成年树每年施 10~15kg/株。

6.2 树体和花果管理

6.2.1 从苗木栽植后到开始结果期，幼树修剪应从轻，脚枝、病虫枝全部剪除，密生枝、细弱枝、交叉枝、重叠枝、徒长枝应根据情况酌量修剪，一般原则是多留少剪。对下层枝条和内膛枝条，应随树龄增长逐步向上修剪，促进树冠向上横向分布。

6.2.2 油茶适宜修剪时间为 11 月中下旬至 12 月下旬。第 1 年修剪时，在距接口 20~30cm 处选留 3~4 个生长强壮、方位合理的侧枝培养为主枝；第 2 年再在每个主枝上保留 2~3 个强壮分枝培育为副主枝；第 3~4 年，将主枝上的强壮春梢培养为侧枝群，并均匀分布。

6.2.3 幼树前三年需摘掉花蕾，维持树体营养生长，加快树冠成形。

6.2.4 进入盛果期以后，春梢是结果枝的主要来源，应保留。将位置不适当的干枯枝、徒长枝、细弱枝、重叠交叉枝和病虫枝等疏除，保留内膛结果枝。过分郁闭的树型，剪除少量枝径 2~4cm 的直立大枝。人工加强油茶林放蜂。

7 病虫害防治

主要病虫害防治措施参见附录 B，其他病虫害防治措施按 LY/T 2680 的规定执行，农药的使用应符合 GB/T 8321 的规定。

8 采收

8.1 适时采收

果实成熟后，在裂果 30%时一次性采收。时间一般为 10 月中下旬霜降前后。

8.2 果实处理

果实采回后，集中堆放 3~5 天，完成油脂成熟，再进行摊晒。一天中翻动数次，促进果实开裂，将杂物除净后收籽进仓待榨。

附录 A

（资料性附录）

主栽油茶品种

主栽油茶品种参见表 A.1。

表 A.1　主栽油茶品种

品种名称	品种编号	品种特性
长林 4 号	国 S-SC-CO-006-2008	树形伞形，浓密且较矮，长势旺，枝叶茂密，叶宽卵形，叶脉白色隆起。果实青红色，桃形，果实底部内陷，表面有明显突出棱。干籽出仁率 54%，干仁含油率 46%
长林 18 号	国 S-SC-CO-007-2008	长势旺，枝叶茂密，叶片颜色偏黄，叶片两边缘中间部分有一拉长点，叶面平，枝条倒伏状，花有红斑。果球形至橘形，红色，带棱，又称大红袍。干籽出仁率 61.8%，干仁含油率 48.6%
长林 40 号	国 S-SC-CO-011-2008	树体直立，长势旺，枝叶茂密，深绿色，叶矩卵形。果实青色，梨形，有条纹，表面有三条不对称棱。干籽出仁率 63.1%，干仁含油率 50.3%
长林 3 号	国 S-SC-CO-005-2008	树势中等偏强，树形开张，叶近柳叶形，枝条细长散生，枝叶稍开张；果实黄红色，桃形，果实表面光滑且无明显棱，中等大小；果桃形或近橄榄形，青偏黄。干籽出仁率 24%，干仁含油率 46.8%
长林 23 号	国 S-SC-CO-009-2008	长势较旺，下部 1/5 叶基全缘，近枝顶叶片直立。果实呈黄球形，青黄色，阳面橙红，中等大小。成熟前有裂果，果皮稍偏厚。干籽出仁率 57.2%，干仁含油率 49.7%

（续）

品种名称	品种编号	品种特性
长林 27 号	国 S-SC-CO-010-2008	长势中等偏弱，枝条粗壮直立；叶宽卵形，大且浓密；果实球形，红色，底部带脐果球形。鲜果大小为 74 个/kg，鲜出籽率 63%，干籽出仁率 21.4%，鲜果含油率 9.3%。，干仁含油率 48.6%
长林 53 号	国 S-SC-CO-012-2008	树形矮小；枝粗叶大，枝条节间较短。果实梨形，黄红色，果大籽大。干籽出仁率 59.2%，干仁含油率 45%
豫油茶 1 号	豫 S-SV-CO-011-2018	树体生长旺盛，树姿开张，冠幅大，圆头形，果实在树冠上分布均匀。对干旱、霜冻及油茶炭疽病等有较强的抗性；鲜果出籽率 33.51%，鲜籽出仁率 69.18%
豫油茶 2 号	豫 S-SV-CO-012-2018	树体生长旺盛，树姿直立，适应性强，对低温、干旱及油茶炭疽病等有较强的抗性；鲜果出籽率 54.42%，鲜籽出仁率 71.54%

附录 B

（资料性附录）
油茶主要病虫害及防治措施

油茶主要病虫害及防治措施参见表 B.1。

表 B.1　油茶主要病虫害及防治措施

防治对象	主要症状	防治措施
油茶炭疽病	果皮病斑初期出现褐色小点，逐渐扩大成黑褐色圆斑，严重时全果变黑。后期病斑凹陷，出现多个轮生小黑点，在雨后或露水浸润后，产生粉红色的分生孢子堆。叶片受害时，病斑常自叶尖处发生，呈半圆形、黑褐色或黄褐色，边缘紫红色，后期呈灰白色	化学措施：自春季始，可交替喷施波尔多液 1000 倍液，50%代森锰锌可湿性粉剂 1000 倍液，75%百菌清可湿性粉剂 1250 液或 50%多菌灵可湿性粉剂 500 倍液。营林措施：发病期增施磷、钾肥，以提高抗病力；选育抗病品种；于冬春砍除重病株，在冬春结合修剪，剪除病枝并摘除病叶、病果，清除病源
茶梢尖蛾	以幼虫危害叶肉和蛀食春梢，被害梢逐渐枯萎而死	化学措施：在幼虫孵化后至转蛀枝梢越冬前及时进行防治。药剂可选用 2.5%溴氰菊酯乳油 1000 倍液，或 40%乐果乳油 1000 倍液。3 月中、下旬越冬幼虫转蛀时，用含孢子 $2×10^8/ml$ 的白僵菌喷雾。生物措施：在第二次蛀梢期（4 月下旬）以孢子悬浮液喷液或喷粉法喷。营林措施：在羽化前的冬春季节进行全园修剪，修剪深度以剪除幼虫（枝梢有虫道的部位）为度，剪下的茶梢叶片集中园外烧毁或深埋

（续）

防治对象	主要症状	防治措施
广翅蜡蝉	成虫、若虫密集在嫩梢与叶背吸汁，造成枯枝、落叶、落果、树势衰退。雌成虫产卵于枝条内，造成枝条损伤开裂，易折断；其排泄物还易导致煤污病	化学措施：在若虫盛孵期喷施10%吡虫啉可湿性粉剂1500倍液或48%乐斯本乳油3000倍液。物理措施：铲除果园和周边杂草及广翅蜡蝉喜栖息危害的寄主植物。营林措施：冬季清理油茶园，合理增施有机肥，适时进行病虫害枝条的修剪疏除
桃蛀螟	幼虫自果柄蛀入果内取食种仁，导致油茶落果、茶果果柄干枯、茶果开裂，8~10月间大量脱落	化学措施：可喷施3%高渗苯氧威乳油3000倍液。物理生物措施：及时清理虫果，集中处理；利用诱虫灯、糖醋液或性外激素诱杀成虫。营林措施：加强油茶园管理，尤其对衰老油茶园应进行更新复壮，培强树势

附件 5：

油茶低效林改造技术规程

前　言

本标准按照 GB/T1.1—2009 给出的规则起草。

本标准由河南省林业标准化技术委员会提出并归口。

本标准由信阳市林业科学研究所负责起草，信阳市林业工作站、新县林业局、光山县林业局、商城县林业局、鸡公山国家级自然保护区管理局参加起草。

本标准主要起草人：卜付军、张学顺、申明海、鄢洪星、徐绪志、何贵友、黄义林。

本标准参加起草人：张英姿、杨庆华、江原猛、王成国、杜文芝、周传涛、余海滨、刘福宾、张玉虎、杨博、盛宏勇。

油茶低效林改造技术规程

1　范围

本标准规定了油茶（*Camellia oleifera* Abel）低效林改造的术语和定义、改造目标、低效林分类、改造措施及病虫害防治。

本标准适用于油茶低效林改造。

2　规范性引用文件

下列文件对于本文件的应用是必不可少的。凡是注日期的引用文件,仅注日期的版本适用于本文件。凡是不注日期的引用文件,其最新版本(包括所有的修改单)适用于本文件。

LY/T 1328—2006 油茶栽培技术规程

3 术语和定义

下列术语和定义适用于本文件。

3.1 油茶低效林

产量或质量显著低于同类立地条件下相同林分平均水平,即每667m^{2}年产油量在10kg以下或鲜果出油率在5%以下的油茶成林。

3.2 高接换优

在生长健壮的油茶树上嫁接优良品种,以代替原有低劣品种称为高接换优。

4 改造目标

经过连续三年改造,林分郁闭度0.7左右,每667m^{2}年产油量达到16kg以上。

5 低效林分类

依据油茶林的立地条件、树龄结构、林分密度、林分郁闭度、结实量及林分管理状况等,将油茶低效林划分为以下两类:

Ⅰ类林:林相相对整齐,林分结构合理,生长势旺盛,老、劣、病、残植株占全林的1/3以下,但管理不到位,每667m^{2}年产油量在10kg以下的林分;

Ⅱ类林:林相不整齐,林分结构不合理,疏密不均,长期荒芜,杂灌丛生,树势衰弱,老、劣、病、残植株占全林的2/3以上,品种差,基本不结果的林分。

6 改造措施

6.1 抚育改造

6.1.1 抚育对象

Ⅰ类林。根据具体情况采取林地清理、垦复、蓄水保土、施肥、密林疏伐、空隙地补植、修剪等措施进行改造。

6.1.2 林地清理

将油茶林中除油茶树外的其他乔木及灌木连根挖除并清运。

6.1.3 垦复

隔年垦复一次，在冬季或早春进行深垦，夏季结合除草浅垦培蔸，深度不超过 10cm。15°以下的梯带平地和缓坡地进行全垦。在坡度 15°～25°的山地，宜采取环山水平带状垦复方式，带宽 8～10m。坡度 25°以上的陡坡油茶林，仅在树穴周边垦复，注意保持水土。

6.1.4 蓄水保土

沿环山水平方向开竹节沟。沟底宽、深均 30cm 以上，节长因地而定，一般 1.5～3m。沟间距，坡度 15°以下为 8m，15°以上为 6m，结合垦复每年清沟一次。有条件的地方，建蓄水池、铺设滴灌或喷灌设施，或结合垦复逐年修筑等高水平梯带，防止水土流失。

6.1.5 施肥

6.1.5.1 施肥种类及施肥量

每年施肥 2 次。冬季每株施有机肥 5kg。生长季以复合肥为主，每株施肥量 0.25kg。

6.1.5.2 施肥方式

采用穴施、条施或环施施肥，施肥深度 10cm 以上。坡度 15°以上的林分采用穴施和条施，宜在植株上坡位施肥。

6.1.6 密林疏伐

对过密的油茶林进行疏伐，伐除老、劣、病、残及不结果株，使林分密度均匀。根据不同的立地条件和品种，每 667m² 保留油茶植株 70~110 株为宜。

6.1.7 空隙地补植

对油茶低效林林间空地，在早春用良种大苗进行补植。补植采取大穴整地，规格：70cm×70cm×60cm，穴内施足基肥。

6.1.8 修剪

6.1.8.1 修剪时间

12 月至翌年 3 月。

6.1.8.2 修剪方法

剪掉枯枝、病虫枝、寄生枝等，结果树强枝轻剪，弱枝重剪，切口光滑。控制郁闭度不超过 0.7。

6.2 截干更新

6.2.1 截干对象

Ⅰ类林中品种优良，密度合适，因树冠上移、结果层外移的油茶林分。

6.2.2 截干时间

冬末或初春。

6.2.3 一次截干更新

对整个林分一次性截干更新。在主干上部 50~80cm 处锯断并削平截口。春季萌芽后疏剪，保留均匀分布的 3~5 个枝条培养为主枝。通过春季疏剪和夏季摘心，恢复形成树冠。

6.2.4 分步截干更新

隔行截干更新，2~3 年后对剩余植株进行截干更新。操作方法按 6.2.3 的规定执行。

6.3 高接换优

6.3.1 换优对象

Ⅰ类林中花期与主栽品种不一致，基本不结果或多年结果在

1kg/株以下的林分。

6.3.2　嫁接部位

每株选择 2~4 个分枝角度适当、干直光滑、无病虫害、生长健壮的主枝进行嫁接。

6.3.3　接穗采集

选择适合当地条件的优良高产品种。采集树冠中上部外围发育充实、生长健壮、腋芽饱满和无病虫害的当年生春梢。本地接穗宜随采随接。外调穗条保湿运输，放阴凉潮湿处贮藏。

6.3.4　嫁接时期

5 月中下旬至 7 月中下旬。

6.3.5　嫁接方法

采用插皮接或撕皮嵌接。

6.3.6　接后管理

6.3.6.1　插皮接

及时抹除老油茶树枝干上的萌芽条。接穗萌芽长出 3~5 片真叶时，在阴天或傍晚除去保湿，保留遮荫，用枝干等支撑物绑扶新梢以防折断。

6.3.6.2　撕皮嵌接

接穗成活后适时断枝，断口距接穗 3~5cm。接穗抽生 1~4cm 时，在阴天或傍晚去除遮阴，并适时解除绑带。及时抹除老油茶树枝干上的萌芽条。

6.4　更新改造

6.4.1　改造对象

Ⅱ类林。

6.4.2　苗木选择

采用经国家或省级审定的良种繁育的苗木。

6.4.3　栽培技术

按 LY/T 1328—2006 的规定执行。

6.4.4 成林管理

按 LY/T 1328—2006 的规定执行。

7 病虫害防治

7.1 主要病虫害

虫害主要有茶梢蛾和油茶尺蠖，病害主要有油茶炭疽病和褐斑病。

7.2 防治原则

病虫害防治以林业防治为基础，物理防治、化学防治和生物防治相结合。

7.3 林业防治

加强油茶林的抚育管理，控制林分密度，保证林间通风透光。

秋、冬季节结合垦复和修剪，消灭虫蛹使其不能羽化，剪除病虫危害的枝、叶，集中园外处理，进行烧毁或深埋。夏季结合除萌芽，剪掉发病的新梢，及时摘除病叶、病果。

新造林应选用抗病虫害的高产油茶品种。

7.4 物理防治

清除树枝干阴凹面的卵，集中杀灭。对抗药力强的幼虫，可人工捕捉。

在成虫发生盛期，在林间设置诱虫灯进行诱杀。

7.5 化学防治

7.5.1 茶梢蛾(*Parametrites theae* Kusnetzov)

主要危害部位是叶片和新梢。虫害发生盛期，喷洒 2.5%天王星乳油 3000 倍液或 50%巴丹粉剂 1500 倍液，喷药时应将有虫斑的叶背喷湿。同时注意保护茶园中的寄生蝇、寄生蜂、蜘蛛和步甲等天敌。

7.5.2 油茶尺蠖(*Biston margtnata* Matsumura)

主要危害部位是叶片。幼龄幼虫期可喷洒阿维菌素、20%氰戊菊酯乳油 2000～3000 倍液进行防治。

7.5.3　油茶炭疽病(*Colletotrichum gloeosporides* **Penz**)

常发生于油茶的果实、枝和叶片等部位。自春季 4～5 月始，可交替喷施波尔多液 1000 倍液，50%代森锰锌可湿性粉剂 1000 倍液，75%百菌清可湿性粉剂 1250 液或 50%多菌灵可湿性粉剂 500 倍液。

7.5.4　褐斑病(*Cerospora ipomoeoeae* **Wint**)

常发生于叶片和叶芽部位。用百菌清 600～800 倍液喷施，也可用 1∶1∶100 波尔多液，75%百菌清 800～1000 倍液或 70%甲基托布津可湿性粉剂 1000～1500 倍液喷施防治。

7.6　生物防治

茶梢蛾：4 月中、下旬越冬幼虫开始危害新梢时，喷洒白僵菌含孢子 $2×10^8$ 个/ml 的菌液防治。

油茶尺蠖：用苏云金杆菌含孢子数 $0.5×10^8$～$1.0×10^8$ 个/ml 的菌液防治 3～4 龄幼虫；用松毛虫杆菌含孢子数 $0.5×10^8$～$0.7×10^8$ 个/ml 的菌液防治 4 龄幼虫。

附件 6：

关于科学利用林地资源 促进木本粮油和林下 经济高质量发展的意见

发改农经〔2020〕1753 号

各省、自治区、直辖市、新疆生产建设兵团有关部门：

发展木本粮油和林下经济产业是丰富农产品供给结构、助力国家粮油安全、促进林区山区群众稳定增收、实现资源永续利用的重要举措。为贯彻落实党中央、国务院关于实施重要农产品保障战略的决策部署，推动科学高效利用林地资源，促进木本粮油和林下经济高质量发展，现提出以下意见：

一、总体要求

（一）指导思想

以习近平新时代中国特色社会主义思想为指导，全面贯彻党的十九大和十九届二中、三中、四中、五中全会精神，落实新发展理念和高质量发展要求，践行"绿水青山就是金山银山"理念，落实重要农产品保障战略，围绕"扩规模、丰品种、调结构、降成本、提质量、拓市场"，进一步优化资源管理制度供给，科学规划木本粮油和林下经济产业布局，切实加大政策引导力度，全面推动产业高质量发展，实现木本粮油和林下经济产量、质量稳步提高，供给结构、产业链条全面优化，市场竞争力、资源综合效益大幅提升，进一步拓宽食物来源渠道，促进增强国家粮食安全保障能力。

（二）基本原则

坚持绿色发展，促进资源永续利用。将保护森林生态系统质量和稳定性作为发展木本粮油和林下经济产业的重要前提，严格保护生态环境，严禁违规占用耕地，协同推进生态保护与绿色富民，促进"产业生态化、生态产业化"。

坚持深化改革，激发市场主体活力。围绕释放林地资源潜力，着力完善资源管理政策，落实财税金融投资等支持政策，释放稳定政策预期，提高木本粮油和林下经济产业对各类市场主体的吸引力。

坚持市场主导，提高产品竞争能力。尊重市场规律和自然规律，充分发挥市场配置资源的决定性作用，充分发掘各地资源禀赋和比较优势，规范产品标准，不断提高在细分市场的竞争力。

坚持科技引领，加快产业提档升级。加快生产创新、组织创新、产品创新和推广应用，促进相关产业由分散布局向集聚发展、由规模扩张向质量提升、由要素驱动向创新驱动转变。

（三）主要目标

到 2025 年，促进木本粮油和林下经济产业发展的资源管理制度体系基本建立，有关标准体系基本涵盖主要产品类别，木本粮油和林下经济的产业布局和品种结构进一步完善，产业规模化、特色化水平全面提升，新增或改造木本粮油经济林 5000 万亩，总面积保持在 3 亿亩以上，年初级产品产量达 2500 万吨，木本食用油年产量达 250 万吨，林下经济年产值达 1 万亿元。

到 2030 年，形成全国木本粮油和林下经济产业发展的良好格局，木本粮油和林下经济产品生产、流通、加工体系更加健全，产品供给能力、质量安全水平、市场竞争能力全面提升，机械化智能化水平大幅提高，特色产品竞争力、知名度、美誉度得到国内外市场充分认可。

二、科学利用林地资源

（四）完善资源管理政策

鼓励利用各类适宜林地发展木本粮油和林下经济。推动落实公益林发展林下经济管理规定，允许利用二级国家公益林和地方公益林适当发展林下经济。鼓励地方结合新一轮退耕还林政策或通过对第一轮退耕还商品林地实施林相改造等方式，建设木本粮油和林下经济基地。允许对第一轮退耕还生态林地进行评估后，依法依规调整林种，种植具有良好水源涵养、水土保持功能的木本粮油树种。对调整优化现有木本粮油品种结构的，可优先办理林木采伐审批手续。

(五)放活林地等土地流转政策

建立健全区域统一的自然资源资产交易平台。鼓励通过土地流转以及招标、拍卖、公开协商等方式，合法流转集体所有荒山、荒丘、荒地、荒沙、荒滩等未利用地经营权。鼓励采取出租(转包)、入股、转让等方式流转集体林地经营权、林木所有权和使用权，允许通过租赁、特许经营等方式开展国有森林资源资产有偿使用。符合政策的可向不动产登记机构申请依法登记造册，核发不动产权证书，切实保障土地流转各方合法权益。

(六)落实配套用地政策

在林地、园地、退耕地营造木本粮油经济林的，允许修建必要的且符合国家有关部门规定和标准的生产道路、水电设施、生产资料库房和采集产品仓库；利用林地发展林下经济的，在不采伐林木、不影响树木生长、不造成污染的前提下，允许放置移动类设施、利用林间空地建设必要的生产管护设施、生产资料库房和采集产品临时储藏室，相关用地均可按直接为林业生产服务的设施用地管理，并办理相关手续。涉及将农用地和未利用地转为建设用地的，应当依法依规办理转用审批手续。

三、引导构筑高效产业体系

(七)科学扩大木本粮油产业规模

以各地自然资源禀赋、生态区位为基础，科学划定木本粮油重点基地、主产区和产业带，引导形成产业集聚和发展特色。将油茶作为食用植物油发展的主力军之一，在适生条件良好、产业发展具备一定基础和较大潜力的湖南、江西、广西等南方15省区打造油茶产业融合发展优势区。在北方及西部适宜地区，充分发掘仁用杏、榛子等重点树种栽植潜力，巩固板栗等优势产能，扩大适生品种种植规模。在甘肃、四川、云南、湖北等省区干热河谷、低山河谷地带等适宜地区，积极扩大油橄榄种植。在北方干旱区适当发展长柄扁桃、文冠果等树种，在西北等沙化土地区推广沙枣、沙棘等沙生木本粮油树种，在中原地区统筹推动油用牡丹种植，在适宜地区积极推广山桐子、元宝枫、银杏、香榧、果用红松、澳洲坚果等特色木本粮油树种。鼓励经营者根据市场供求情况，及时调整和优化木本粮油品种种植结构，加快推进提质增效，提高产出效益。鼓励各地结合用材林建设培育果材两用林，不断增加木本粮油生产的潜力和规模。

(八)健全林下产业发展管控制度

根据各地森林资源状况和农民种养传统，以县为单位制定林下经济发展负面清单，合理确定林下经济发展的产业类别、规模以及利用强度。在不影响森林生态功能的前提下，鼓励利用各类适宜林地和退耕还林地等资源，因地制宜发展林下经济产业。严格落实关于全面禁止非法野生动物交易、革除滥食野生动物陋习的决策部署，积极推进林下在养禁食野生动物分类处置，帮助和扶持人工养殖户科学转产。

(九)积极发展林下种养殖及相关产业

充分利用林下空间，深入挖掘鸡、牛、猪、兔、蜂等优良地方品种资源潜力，将林下养殖统筹纳入畜禽良种培育推广、动物防疫、加工流通和绿色循环发展体系，促进林禽、林畜、林蜂等林下养殖业向规模化、标准化方向发展，更好满足人民群众多元化畜禽产品消费需求。在保障森林生态系统质量前提下，紧密结合市场需求，积极探索林果、林药、林菌、林苗、林花等多种森林复合经营模式，有序发展林下种植业。统筹推进林下产品采集、经营加工、森林游憩、森林康养等多种森林资源利用方式，推动产业规范发展。全面提高优质生态产品供给能力，促进形成各具特色的、可持续的绿色产业体系。

（十）促进上下游产业融合发展

完善上下游产业配套，积极引导企业在木本粮油和林下经济产品主产区建设产地初加工基地，鼓励推进食品加工、林药产业、精细化工、动物饲料等精深加工和副产品开发，促进循环利用和综合利用。推进木本粮油和林下经济与旅游、教育、文化、健康养老产业等深度融合，依托木本粮油和林下经济基地，发展各具优势的特色观光旅游、生态旅游、森林康养、森林人家、自然教育产业。支持以木本粮油和林下经济为特色的产业园区按程序申请创建国家农村产业融合发展示范园、国家现代农业产业园等国家级示范园区。

四、全面提升市场竞争能力

（十一）培育壮大市场主体

鼓励各类社会资本进山入林，以整合扩大产业规模、提升单位效益、提高精深加工、冷链贮运和营销能力为重点，创建一批木本粮油和林下经济龙头企业，支持科技含量高的企业申报高新技术企业。依托相关行业协会、龙头企业组织成立木本粮油和林下经济国家产业联盟以及重点产区联盟，培育优势产业集群。支持龙头企业开展林地林木代管、统一经营作业等专业化服务，积极发展家庭林场、林业专业合作社、股份合作林场等新型经营主体，引导适度规模经营，建立完善稳定的利益联结机制，提高林农组织化水平和抗风险能力。鼓励返乡入乡农民工通过发展或参与木本粮油种植、林下特色种养殖及特色加工、物流冷链、产销对接等相关产业，实现就地就近创业就业。鼓励市场主体采取区域性资源整合运作模式，开展合作经营、代管经营、多元开发等业务。

（十二）提升良种良艺良机支撑能力

健全木本粮油种质资源收集保存评价利用体系，选育推广一批高产、抗逆、稳定的木本粮油良种。加强木本粮油良种基地、苗木生产基地建设，建立种苗质量追溯体系，把好种苗质量关，严防劣质种苗流入市场。推广适用栽培、抚育、采收技术和模式，对现有低产低效林进行抚育、更新、改造，着力提高单产水平。加强优良林下种植和养殖品种的选育推广，推动普及林下种植、养殖和采集技术标准和规范。以降低木本粮油和林下经济生产成本、突破地形地貌制约为目标，围绕"轻便上山"装备、植保采摘等重点环节装备以及全程机械化装备体系、智能化装备和作业体系等关键技术开展联合攻关，尽快在实用林机研发方面取得突破。加强良机、良地、良种、良艺配合，在适宜地区开展"以地适机"试点，加快选育、推广适应机械化作业的优良品种和栽培方式。建立包括科研院所、大学、创新型企业、规模化基地在内的林机产业创新联盟，打造完整的技术创新和市场化推广链条。

（十三）全面推进特色品牌塑造工作

依托有关行业协会及产业联盟，共同推进木本粮油市场开拓、行业形象塑造和产品质量标准制定等工作。支持各地开展林下经济特色产品推介、营销和宣传活动，打造一批有市场影响力的知名特色区域品牌和中国驰名商标。广泛组织木本粮油和林下经济产品开展森林生态标志产品认定，以及绿色食品、有机食品、地理标志农产品等认证。

(十四)强化市场信息和产销对接服务

加强木本粮油和林下经济市场信息共享,完善资源、产品统计工作,加强市场供求信息服务,引导产销衔接、以销定产,促进精准生产、精准销售。充分利用线上线下等多种渠道及各类新零售模式,推动优势产地、产品加工基地与各大销售平台对接,大力发展冷链贮运、连锁经营、直采直供、农村电商、网络营销等现代物流和新型营销方式,推动生产者融入现代销售和物流体系。搭建产业合作、招商引资、经贸洽谈平台,支持地方政府、行业协会和产业联盟定期举办木本粮油和林下经济产品线上线下展销活动。

(十五)全面提高产业标准化水平

制定完善木本粮油和林下经济产品种植、仓储、加工等标准,推动企业标准化生产,建设一批国家级木本粮油生产示范基地,鼓励行业协会、生产企业制定和实施严于国家标准的企业标准,建立企业标准自我声明和监督制度。加强日常监督检查,健全产品质量送检、抽检、公示和追溯制度,严厉打击制假、售假等违法违规行为。木本粮油和林下经济食品生产经营企业应建立食品安全追溯体系,鼓励企业采取信息化手段采集、留存生产经营信息。推进诚信机制建设,对有关违法违规或失信行为建立信用记录,纳入全国信用信息共享平台。

五、强化保障措施

(十六)加强组织领导

地方各级政府有关部门要高度重视木本粮油和林下经济发展,将有关事项作为接续推进全面脱贫与乡村振兴有机衔接的重要任务列入重要议事日程,明确目标任务,细化责任分工,确保各项政策措施落实到位。发展改革和林草部门要会同有关部门,加强对木本粮油和林下经济发展的研究和指导，及时解决产业发展中遇到的新情况、新问题，确保各项政策措施落实到位。林草部门要切实加强行业指导，完善和落实好有关资源管理制度，帮助企业和林农享受相关优惠政策。各有关部门要按照职责分工，协调配合、加强沟通，形成共商共促的发展合力。

(十七)完善财税支持政策

鼓励各地建立政府引导、企业、专业合作组织和农民投入为主体的木本粮油和林下经济产业多元化投入机制。中央预算内投资积极支持良种基地(采穗园)、新造木本油料经济林等工程建设。中央财政资金继续支持木本油料营造、改造、林木良种培育和油料产业发展等，将符合条件的种植养殖、采集和初加工常用机械列入农机购置补贴范围；落实好产油大县奖励政策，地方可根据本地实际，用于扶持木本油料等油料生产和产业发展；落实支持木本粮油和林下经济精深加工的税收优惠政策，支持建立现代木本粮油产业技术体系。对符合条件的返乡入乡创业农民工，按规定给予税费减免、创业补贴、创业担保贷款及贴息等创业扶持政策。对在农村建设的保鲜仓储设施用电以及木本粮油和林下经济产品就近初加工用电，实行农业生产用电价格。将符合条件的木本粮油和林下经济良种培育、优质丰产栽培、林机装备、循环利用、储藏加工、质量检测等方面的关键技术研发纳入国家科技计划，支持全产业链科技创新。

(十八)加大金融支持力度

鼓励金融机构在商业可持续、风险可控的前提下，针对木本粮油和林下经济产业特点，合理确定贷款期限和贷款利率，加大信贷投入。落实支持小微企业、个体工商户和农户的普惠金融服务税收优惠政策。将符合条件的木本粮油和林下经济产业贷款纳入政府性融资担保服务范围，鼓励发展基于森林资源的绿色金融产品，探索生态产品价值实现机制。建立木本粮油和林下经济产业投融资项目储备库，推进银企对接。鼓励保险机构进一步扩大木本粮油和林下经济产业保险的业务范围。支持各类市场主体建设产地分拣包装、冷藏保鲜、仓储运输、初加工等设施。鼓励符合条件的木本粮油和林下经济企业上市、发行公司债券、企业债券，拓宽融资渠道。

国家发展改革委
国 家 林 草 局
科　　技　　部
财　　政　　部
自 然 资 源 部
农 业 农 村 部
人　民　银　行
市 场 监 管 总 局
银　保　监　会
证　　监　　会
2020年11月18日